U0224486

海上絲綢之路基本文獻叢書

南方草木狀
桂海虞衡志
浙東紀游草

〔晋〕嵇含 撰／〔宋〕范成大 撰／〔清〕沈錫爵 撰

文物出版社

圖書在版編目（CIP）數據

南方草木狀 /（晉）嵇含撰．桂海虞衡志 /（宋）范成大撰．浙東紀游草 /（清）沈錫爵撰．-- 北京 : 文物出版社，2023.3
（海上絲綢之路基本文獻叢書）
ISBN 978-7-5010-7923-0

Ⅰ．①南… ②桂… ③浙… Ⅱ．①嵇… ②范… ③沈… Ⅲ．①植物志－中國－西晉時代②廣西－地方志－古代③游記－中國－清代 Ⅳ．① Q948.52 ② K296.7 ③ K928.9

中國國家版本館 CIP 數據核字 (2023) 第 026232 號

海上絲綢之路基本文獻叢書
南方草木狀・桂海虞衡志・浙東紀游草

撰　　者：〔晉〕嵇含　〔宋〕范成大　〔清〕沈錫爵
策　　劃：盛世博閱（北京）文化有限責任公司

封面設計：鞏榮彪
責任編輯：劉永海
責任印製：王　芳

出版發行：文物出版社
社　　址：北京市東城區東直門内北小街 2 號樓
郵　　編：100007
網　　址：http://www.wenwu.com
經　　銷：新華書店
印　　刷：河北賽文印刷有限公司
開　　本：787mm×1092mm　1/16
印　　張：11.5
版　　次：2023 年 3 月第 1 版
印　　次：2023 年 3 月第 1 次印刷
書　　號：ISBN 978-7-5010-7923-0
定　　價：90.00 圓

總緒

海上絲綢之路，一般意義上是指從秦漢至鴉片戰争前中國與世界進行政治、經濟、文化交流的海上通道，主要分爲經由黄海、東海的海路最終抵達日本列島及朝鮮半島的東海航綫和以徐聞、合浦、廣州、泉州爲起點通往東南亞及印度洋地區的南海航綫。

在中國古代文獻中，最早、最詳細記載『海上絲綢之路』航綫的是東漢班固的《漢書·地理志》，詳細記載了西漢黄門譯長率領應募者入海『齎黄金雜繒而往』之事，書中所出現的地理記載與東南亞地區相關，并與實際的地理狀况基本相符。

東漢後，中國進入魏晋南北朝長達三百多年的分裂割據時期，絲路上的交往也走向低谷。這一時期的絲路交往，以法顯的西行最爲著名。法顯作爲從陸路西行到印度，再由海路回國的第一人，根據親身經歷所寫的《佛國記》（又稱《法顯傳》）一書，詳細介紹了古代中亞和印度、巴基斯坦、斯里蘭卡等地的歷史及風土人情，是瞭解和研究海陸絲綢之路的珍貴歷史資料。

隨着隋唐的統一，中國經濟重心的南移，中國與西方交通以海路爲主，海上絲綢之路進入大發展時期。廣州成爲唐朝最大的海外貿易中心，朝廷設立市舶司，專門管理海外貿易。唐代著名的地理學家賈耽（七三〇～八〇五年）的《皇華四達記》記載了從廣州通往阿拉伯地區的海上交通『廣州通海夷道』，詳述了從廣州港出發，經越南、馬來半島、蘇門答臘島至印度、錫蘭，直至波斯灣沿岸各國的航綫及沿途地區的方位、名稱、島礁、山川、民俗等。譯經大師義净西行求法，將沿途見聞寫成著作《大唐西域求法高僧傳》，詳細記載了海上絲綢之路的發展變化，是我們瞭解絲綢之路不可多得的第一手資料。

宋代的造船技術和航海技術顯著提高，指南針廣泛應用於航海，中國商船的遠航能力大大提升。北宋徐兢的《宣和奉使高麗圖經》詳細記述了船舶製造、海洋地理和往來航綫，是研究宋代海外交通史、中朝友好關係史、中朝經濟文化交流史的重要文獻。南宋趙汝适《諸蕃志》記載，南海有五十三個國家和地區與南宋通商貿易，形成了通往日本、高麗、東南亞、印度、波斯、阿拉伯等地的『海上絲綢之路』。宋代爲了加强商貿往來，於北宋神宗元豐三年（一〇八〇年）頒布了中國歷史上第一部海洋貿易管理條例《廣州市舶條法》，并稱爲宋代貿易管理的制度範本。

元朝在經濟上採用重商主義政策，鼓勵海外貿易，中國與世界的聯繫與交往非常頻繁，其中馬可·波羅、伊本·白圖泰等旅行家來到中國，留下了大量的旅行記，記録元代海上絲綢之路的盛况。元代的汪大淵兩次出海，撰寫出《島夷志略》一書，記録了二百多個國名和地名，其中不少首次見於中國著録，涉及的地理範圍東至菲律賓群島，西至非洲。這些都反映了元朝時中西經濟文化交流的豐富内容。

明、清政府先後多次實施海禁政策，海上絲綢之路的貿易逐漸衰落。但是從明永樂三年至明宣德八年的二十八年裏，鄭和率船隊七下西洋，先後到達的國家多達三十多個，在進行經貿交流的同時，也極大地促進了中外文化的交流，這些都詳見於《西洋蕃國志》《星槎勝覽》《瀛涯勝覽》等典籍中。

關於海上絲綢之路的文獻記述，除上述官員、學者、求法或傳教高僧以及旅行者的著作外，自《漢書》之後，歷代正史大都列有《地理志》《四夷傳》《西域傳》《外國傳》《蠻夷傳》《屬國傳》等篇章，加上唐宋以來衆多的典制類文獻、地方史志文獻，集中反映了歷代王朝對於周邊部族、政權以及西方世界的認識，都是關於海上絲綢之路的原始史料性文獻。

海上絲綢之路概念的形成，經歷了一個演變的過程。十九世紀七十年代德國地理學家費迪南・馮・李希霍芬（Ferdinad Von Richthofen，一八三三～一九〇五），在其《中國：親身旅行和研究成果》第三卷中首次把輸出中國絲綢的東西陸路稱爲『絲綢之路』。有『歐洲漢學泰斗』之稱的法國漢學家沙畹（Édouard Chavannes，一八六五～一九一八），在其一九〇三年著作的《西突厥史料》中提出『絲路有海陸兩道』，蘊涵了海上絲綢之路最初提法。迄今發現最早正式提出『海上絲綢之路』一詞的是日本考古學家三杉隆敏，他在一九六七年出版《中國瓷器之旅：探索海上的絲綢之路》中首次使用『海上絲綢之路』一詞；一九七九年三杉隆敏又出版了《海上絲綢之路》一書，其立意和出發點局限在東西方之間的陶瓷貿易與交流史。

二十世紀八十年代以來，在海外交通史研究中，『海上絲綢之路』一詞逐漸成爲中外學術界廣泛接受的概念。根據姚楠等人研究，饒宗頤先生是中國學者中最早提出『海上絲綢之路』的人，他的《海道之絲路與昆侖舶》正式提出『海上絲路』的稱謂。選堂先生評價海上絲綢之路是外交、貿易和文化交流作用的通道。此後，學者馮蔚然在一九七八年編寫的《航運史話》中，也使用了『海上絲綢之路』一詞，此書更多地限於航海活動領域的考察。一九八〇年北京大學陳炎教授提出『海上絲綢之路』研究，并於一九八一年發表《略論海上絲綢之路》一文。他對海上絲綢之路的理解超越以往，且帶有濃厚的愛國主義思想。陳炎教授之後，從事研究海上絲綢之路的學者越來越多，尤其沿海港口城市向聯合國申請海上絲綢之路非物質文化遺産活動，將海上絲綢之路研究推向新高潮。另外，國家把建設『絲綢之路經濟帶』和『二十一世紀海上絲綢之路』作爲對外發展方針，將這一學術課題提升爲國家願景的高度，使海上絲綢之路形成超越學術進入政經層面的熱潮。

與海上絲綢之路學的萬千氣象相對應，海上絲綢之路文獻的整理工作仍顯滯後，遠遠跟不上突飛猛進的研究進展。二〇一八年厦門大學、中山大學等單位聯合發起『海上絲綢之路文獻集成』專案，尚在醖釀當中。我們不揣淺陋，深入調查，廣泛搜集，將有關海上絲綢之路的原始史料文獻和研究文獻，分爲風俗物産、雜史筆記、海防海事、典章檔案等六個類别，彙編成《海上絲綢之路歷史文化叢書》，於二〇二〇年影印出版。此輯面市以來，深受各大圖書館及相關研究者好評。爲讓更多的讀者親近古籍文獻，我們遴選出前編中的菁華，彙編成《海上絲綢之路基本文獻叢書》，以單行本影印出版，以饗讀者，以期爲讀者展現出一幅幅中外經濟文化交流的精美畫卷，爲『二十一世紀海上絲綢之路』倡議構想的實踐做好歷史的詮釋和注脚，從而達到『以史爲鑒』『古爲今用』的目的。

凡例

一、本編注重史料的珍稀性，從《海上絲綢之路歷史文化叢書》中遴選出菁華，擬出版數百册單行本。

二、本編所選之文獻，其編纂的年代下限至一九四九年。

三、本編排序無嚴格定式，所選之文獻篇幅以二百餘頁爲宜，以便讀者閱讀使用。

四、本編所選文獻，每種前皆注明版本、著者。

五、本編文獻皆爲影印，原始文本掃描之後經過修復處理，仍存原式，少數文獻由於原始底本欠佳，略有模糊之處，不影響閱讀使用。

六、本編原始底本非一時一地之出版物，原書裝幀、開本多有不同，本書彙編之後，統一爲十六開右翻本。

目録

南方草木狀

南方草木狀

三卷

〔晉〕嵇含 撰

清順治《説郛》刻本

南方草木狀上

晉　譙國嵇含

南越交趾植物有四裔最爲奇周秦以前無稱焉自漢武帝開拓封疆搜求珍異取其尤者充貢中州之人或昧其狀乃以所聞詮叙有裨子弟云爾

草類

甘蕉

甘蕉望之如樹株大者一圍餘葉長一丈或七八尺廣尺餘二尺許花大如酒杯形色如芙蓉著莖末百

餘子大名爲房相連累甜美亦可蜜藏根如芋魁大者如車轂實隨華每華一闔各有六子先後相次子不俱生花不俱落一名芭蕉或曰巴苴剝其子上皮色黃白味似蒲萄甜而脆亦療饑此有三種子大如栂指長而銳有類羊角名羊角蕉味最甘好一種子大如雞卵有類牛乳名牛乳蕉微減羊角一種大如藕子長六七寸形正方少甘最下也其莖解散如絲以灰練之可紡績爲絺綌謂之蕉葛雖脆而好黃白不如葛赤色也交廣俱有之三輔黃圖曰漢武帝元

鼎六年破南越建扶荔宫以植所得奇草異木有甘蕉二本

耶悉茗

耶悉茗花末利花皆胡人自西國移植于南海南人憐其芳香競植之陸賈南越行紀曰南越之境五穀無味百草不香此二花特芳香者緣自別國移至不隨水土而變與夫橘北爲枳異矣彼之女子以綵絲穿花心以爲首飾

末利

末利花似薔蘼之白者香愈于耶悉茗

豆蔻花

豆蔻花其苗如蘆其葉似薑其花作穗嫩葉卷之而生花微紅穗頭深色葉漸舒花漸出舊說此花食之破氣消痰進酒增倍泰康二年交州貢一篚上試之有驗以賜近臣

山薑花

山薑花莖葉卽薑也根不堪食于葉間吐花作穗如麥粒軟紅色煎服之治冷氣甚效出九眞交趾

鶴草

鶴草蔓生其花麴塵色淺紫蒂葉如柳而短當夏開花形如飛鶴觜翅尾足無所不備出南海云是媚草上有蟲老蛻爲蝶赤黃色女子藏之謂之媚蝶能致其夫憐愛

甘藷

甘藷盖薯蕷之類或曰芋之類根葉亦如芋實如拳有大如甌者皮紫而肉白蒸鬻食之味如薯蕷性不甚冷舊珠崖之地海中之人皆不業耕稼惟掘地種

甘藷秋熟收之蒸曬切如米粒倉圌貯之以充糧糗是名藷糧北方人至者或盛具牛豕膾炙而末以甘藷薦之若粳粟然大抵南人二毛者百無一二惟海中之人壽百餘歲者由不食五穀而食甘藷故爾

水蓮

花之美者有水蓮如蓮而莖紫柔而無刺

水蕉

水蕉如鹿葱或紫或黄吳永安中孫休嘗遣使取二花終不可致但圖畫以進

蒟醬

蒟醬蓽茇也生于蕃國者大而紫謂之蓽茇生于番禺者小而青謂之蒟焉可以爲食故謂之醬焉交阯九真人家多種蔓生

菖蒲

菖蒲番禺東有澗澗中生菖蒲皆一寸九節安期生採服僊去但留玉舄焉

留求子

留求子形如梔子稜瓣深而兩頭尖似訶梨勒而輕

及半黄巳熟中有肉白色甘如棗核大治嬰孺之疾南海交趾俱有之

諸蔗

諸蔗一曰甘蔗交趾所生者圍數寸長丈餘頗似竹斷而食之甚甘笮取其汁曝數日成飴入口消釋彼人謂之石蜜吳孫亮使黄門以銀椀并蓋就中藏吏取交州所獻甘蔗餳黄門先恨藏吏以鼠屎投餳中啟言吏不謹亮呼吏持餳器入問曰此器既蓋之且有油覆無緣有此黄門將有恨汝吏叩頭曰嘗從臣

求莞席臣以席有數不敢與亮曰必是此問之具服

南人云甘蔗可消酒又名干蔗司馬相如樂歌曰太

尊蔗漿折朝酲是其義也泰康六年扶南國貢諸蔗

一丈三節

草麴

草麴南海多矣酒不用麴蘖但杵米粉雜以衆草葉

冶葛汁滌溲之大如卵置蓬蒿中蔭蔽之經月而成

用此合糯爲酒故劇飲之既醒猶頭熱漈漈以其有

毒草故也南人有女數歲即大釀酒既漉候冬陂池

竭時寘酒罌中密固其上瘞陂中至春潴水滿亦不復發矣女將嫁乃發陂取酒以供賓客謂之女酒其味絶美

芒茅

芒茅枯時瘴疫大作交廣皆爾也土人呼曰黄茅瘴又曰黄芒瘴

肥馬草

南方冬無積藁瀕海郡邑多馬有草葉類梧桐而厚取以秣馬謂之肥馬草馬頗嗜而食果肥壯矣

冬葉

冬葉薑葉也苞苴物交廣皆用之南方地熱物易腐敗惟冬葉藏之乃可持久

蒲葵

蒲葵如栟櫚而柔薄可爲葵笠出龍川

乞力伽

藥有乞力伽木也瀕海所產一根有至數斤者劉涓子取以作煎令可丸餌之長生

蘋桐

赬桐花嶺南處處有自初夏生至秋盡草也葢如桐其花連枝蕚皆深紅之極者俗呼貞桐花貞皆訛也

水葱

水葱花葉皆如鹿葱花色有紅黄紫三種出始興婦人懷姙佩其花生男者即此花非鹿葱也交廣人佩之極有驗然其土多男不厭女子故不常佩也

蕪菁

蕪菁嶺嶠已南俱無之偶有士人因官攜種就彼種之出地則變爲芥亦橘種江北爲枳之義也至曲江

方有蒳彼人謂之蓁杺

茄

茄樹交廣草木經冬不衰故蔬圃之中種茄宿根有三五年者漸長枝幹乃成大樹每夏秋盛熟則梯樹採之五年後樹老子稀即伐去之别栽嫩者

綽菜

綽菜夏生于池沼間葉類茨菰根如藕條南海人食之云令人思睡呼爲瞑菜

蕹

蕹葉如落葵而小性冷味甘南人編葦爲筏作小孔浮于水上種子于水中則如萍根浮水面及長莖葉皆出于葦筏孔子隨水上下南方之奇蔬也冶葛有大毒以蕹汁滴其苗當時萎死世傳魏武能噉冶葛至一尺云先食此菜

冶葛

冶葛毒草也蔓生葉如羅勒光而厚一名胡曼草眞毒者多雜以生蔬進之悟者速以藥解不爾半日輒死山羊食其苗即肥而大亦如鼠食巴豆其大如㹠

盖物類有相伏也

吉利草

吉利草其莖如金釵股形類石斛根類芍藥交廣俚俗多蓄蠱毒惟此草解之極驗吳黄武中江夏李俣以罪徙合浦初入境遇毒其奴吉利者偶得是草與俣服遂解吉利即遁去不知所之俣因此濟人不知其數遂以吉利爲名豈李俣者徙非其罪或俣自有隱德神明啟吉利者救之耶

良耀草

良耀草枝葉如麻黄秋結子如小粟煨食之解毒功不亞于吉利始昔有得是藥者梁氏之子耀亦以爲言梁轉爲良爾花白似牛李出高凉

蕙　艸

蕙草一名薰草葉如麻兩兩相對氣如蘼蕪可以止癘出南海

南方草木狀中

木類

楓人

楓人五嶺之間多楓木歲久則生瘤癭一夕遇暴雷驟雨其樹贅暗長三五尺謂之楓人越巫取之作術有通神之驗取之不以法則能化去

楓香

楓香樹似白楊葉圓而岐分有脂而香其子大如鴨卵二月華發乃著實八九月熟曝乾可燒惟九真郡

有之

薰陸香

薰陸香出大秦在海邊有大樹枝葉正如古松生于沙甲盛夏樹膠流出沙上方採

榕

榕樹南海桂林多植之葉如木麻實如冬青樹榦拳曲是不可以爲器也其本稜理而深是不可以爲材也燒之無焰是不可以爲薪也以其不材故能久而無傷其蔭十畝故人以爲息焉而又枝條既繁葉又

茂細軟條如藤垂下漸漸及地藤稍入地便生根節或一大株有根四五處而横枝及鄰樹即連理南人以爲常不謂之瑞木

益智子

益智子如筆毫長七八分二月花色若蓮著實五六月熟味辛雜五味中芬芳亦可鹽曝出交趾合浦建安八年交州刺史張津嘗以益智子粽餉魏武帝

桂

桂出合浦生必以高山之巔冬夏常青其類自爲林

間無雜樹交趾置桂園桂有三種葉如柏葉皮赤者爲丹桂葉似柿葉者爲菌桂其葉似枇杷葉者爲牡桂三輔黃圖曰甘泉宮南有昆明池池中有靈波殿以桂爲柱風來自香

朱槿

朱槿花莖葉皆如桑葉光而厚樹高止四五尺而枝葉婆娑自二月開花至中冬即歇其花深紅色五出大如蜀葵有蘂一條長于花葉上綴金屑日光所爍疑若焰生一叢之上日開數百朶朝開暮落插枝即

活出高凉郡一名赤槿一名日及

指甲花

指甲花其樹高五六尺枝條柔弱葉如嫩榆與耶悉茗末利花皆雪白而香不相上下亦胡人自大秦國移植于南海而此花極繁細纔如半米粒許彼人多折置襟袖間蓋資其芬馥爾一名散沫花

蜜香　沉香　鷄骨香　黄熟香　鷄舌香

棧香　青桂香　馬蹄香

按此八香同出于一樹也交趾有蜜香樹榦似拒栁

其花白而繁其葉如橘欲取香伐之經年其根幹枝節各有別色也木心與節堅黑沉水者爲沉香與水面平者爲鷄骨香其根爲黃熟香其幹爲棧香細枝緊實未爛者爲青桂香其根節輕而大者爲馬蹄香其花不香成實乃香爲鷄舌香珍異之木也

桄榔

桄榔樹似栟櫚實其皮可作綆得水則柔韌胡人以此聯木爲舟皮中有屑如麪多者至數斛食之與常麪無異木性如竹紫黑色有文理工人解之以製奕

桴出九真交趾

訶梨勒

訶梨勒樹似木梡花白子形如橄欖六路皮肉相着可作飲變白髭髮令黑出九真

蘇枋

蘇枋樹類槐花黑子出九真南人以染絳漬以大庾之水則色愈深

水松

水松葉如檜而細長出南海土產衆香而此木不大

香故彼人無佩服者嶺北人極愛之然其香殊勝在
南方時植物無情者也不香于彼而香于此豈屈于
不知己而伸于知己者歟物理之難窮如此

刺桐

刺桐其木爲材三月三時布葉繁密後有花赤色間
生葉間旁照他物皆朱殷然三五房凋則三五復發
如是者竟歲九真有之

棹

棹樹幹葉俱似椿以其葉鬻汁漬果呼爲棹汁若以

椁汁雜蔬肉食者即時爲雷震死椁出高涼郡

杉

杉一名披煔合浦東二百里有杉一樹漢安帝永初五年春葉落隨風飄入洛陽城其葉大常杉數十倍術士廉盛曰合浦東杉葉也此休徵當出王者帝遣使驗之信然乃以千人伐樹役夫多死者其後三百人坐斷株上食過足相容至今猶存

荆

荆寧浦有三種金荆可作枕紫荆堪作牀白荆堪作

履與他處牡荆蔓荆全異又彼境有杜荆指病自愈節不相當者月暈時刻之與病人身齊等置牀下雖危困亦愈

紫藤

紫藤葉細長莖如竹根極堅實重重有皮花白子黑置酒中歷二三十年亦不腐敗其莖截置煙炱中經時成紫香可以降神

榼藤

榼藤依樹蔓生如通草藤也其子紫黑色一名象豆

三年方熟其殼貯藥歷年不壞生南海解諸藥毒

蜜香紙

蜜香紙以蜜香樹皮葉作之微褐色有紋如魚子極香而堅韌水漬之不潰爛泰康五年大秦獻三萬幅常以萬幅賜鎮南大將軍當陽侯杜預令寫所撰春秋釋例及經傳集解以進未至而預卒詔賜其家令藏之

抱香履

抱香履抱木生于水松之旁若寄生然極柔弱不勝

刀鋸乘濕時刳而爲履易如削瓜既乾而韌不可理
也履雖很大而輕者若通脫木風至則隨飄而動夏
月納之可禦濕蒸之氣出扶南大秦諸國泰康六年
扶南貢百雙帝深歎異然哂其制作之陋但付諸外
府以備方物而已按東方朔瑣語曰木履起于晉文
公時介之推逃祿自隱抱樹而死公撫木哀歎遂以
爲履每懷從亡之功輒俯視其履曰悲乎足下足下
之稱亦自此始也

南方草木狀下

果類

檳榔

檳榔樹高十餘丈皮似青銅節如桂竹下本不大上枝不小條直亭亭千萬若一森秀無柯端頂有葉葉似甘蕉條泒開破仰望眇眇如插叢蕉于竹杪風至獨動似舉羽扇之掃天葉下繫數房房綴數十實實大如桃李天生棘重累其下所以禦衛其實也味苦澁剖其皮鬻其膚熟如貫之堅如乾棗以扶留藤古

賁灰并食則滑美下氣消穀出林邑彼人以爲貴婚族客必先進若邂逅不設用相嫌恨一名賓門藥餞

荔枝

荔枝樹高五六丈餘如桂樹綠葉蓬蓬冬夏榮茂青華朱實實大如雞子核黄黑似熟蓮實白如肪甘而多汁似安石榴有甜酢者至日將中翕然俱赤則可食也一樹下子百斛三輔黄圖曰漢武帝元鼎六年破南越建扶荔宫扶荔者以荔枝得名也自交趾移植百株于庭無一生者連年猶移植不息後數歲偶一

株稍茂然終無華實帝亦珍惜之一旦忽萎死守吏坐誅死者數十遂不復茂矣其實則歲貢焉郵傳者疲斃于道極爲生民之患

椰

椰樹葉如栟櫚高六七丈無枝條其實大如寒瓜外有麤皮次有殼圓而且堅剖之有白膚厚半寸味似胡桃而極肥美有漿飲之得醉俗謂之越王頭云昔林邑王與越王有故怨遣俠客刺得其首懸之于樹俄化爲椰子林邑王憤之命剖以爲飲器南人至今

效之當刺時越王大醉故其槳猶如酒云

楊梅

楊梅其子如彈丸正赤五月中熟熟時似梅其味甜酸陸賈南越行紀曰羅浮山頂有胡楊梅山桃繞其際海人時登採拾止得于上飽啖不得持下東方朔林邑記曰林邑山楊梅其大如杯椀青時極酸既紅味如崖蜜以醞酒號梅香酎非貴人重客不得飲之

橘

橘白華赤實皮馨香有美味自漢武帝交趾有橘官

長一人秩二百石主貢御橘吳黃武中交趾太守士燮獻橘十七實同一蔕以爲瑞異郡臣畢賀

柑

柑乃橘之屬滋味甘美特異者也有黃者有赬者赬者謂之壺柑交趾人以席囊貯蟻鬻于市者其窠如薄絮囊皆連枝葉蟻在其中并窠而賣蟻赤黃色大于常蟻南方柑樹若無此蟻則其實皆爲群蠹所傷無復一完者矣今華林園有柑二株遇結實上命群臣宴飲于旁摘而分賜焉

橄欖

橄欖樹身聳枝皆高數丈其子深秋方熟味雖苦澁咀之芬馥勝含鷄骨香吳時歲貢以賜近侍本朝自泰康後亦如之

龍眼

龍眼樹如荔枝但枝葉稍小殼青黄色形圓如彈丸核如木梡子而不堅肉白而帶漿其甘如蜜一朶五六十顆作穗如葡萄然荔枝過即龍眼熟故謂之荔枝奴言常隨其後也東觀漢記曰單于來朝賜橙橘

龍眼荔枝魏文帝詔羣臣曰南方果之珍異者有龍眼荔枝令歲貢焉出九真交趾

海棗

海棗樹身無閑枝直聳三四十丈樹頂四面共生十餘枝葉如栟櫚五年一實實甚大如杯盌核兩頭不尖雙卷而圓其味極甘美安邑御棗無以加也泰康五年林邑獻百枚昔李少君謂漢武帝曰臣嘗遊海上見安期生食臣棗大如瓜非誕說也

千歲子

千歲子有藤蔓出土子在根下鬚綠色交加如織其子一苞恒二百餘顆皮殼青黄色殼中有肉如栗味亦如之乾者殼肉相離撼之有聲似肉豆蔻出交趾

五斂子

五斂子大如木瓜黄色皮肉脆軟味極酸上有五稜如刻出南人呼稜爲斂故以爲名以蜜漬之甘酢而美出南海

鈎緣子

鈎緣子形如瓜皮似橙而金色胡人重之極芬香肉

甚厚白如蘆菔女工競雕鏤花鳥漬以蜂蜜點燕檀巧麗妙絶無與爲比泰康五年大秦貢十缶帝以三缶賜王愷助其珍味夸示于石崇

海梧子

海梧子樹與中國松同但結實絶大形如小栗三角肥甘香味亦樽俎間佳果也出林邑

菴摩勒

菴摩勒樹葉細似合昏花黄實似李青黄色核圓作六七稜食之先苦後甘術士以變白鬚髮有驗出九

眞

石栗

石栗樹與栗同但生于山石罅間花開三年方結實其殼厚而肉少其味似胡桃仁熟時或爲群鸚鵡至啄食略盡故彼人多珍貴之出日南

人面子

人面子樹似含桃結子如桃實無味其核正如人面故以爲名以蜜漬之稍可食以其核可玩于席間飣餖御客出南海

竹類

雲丘竹

雲丘竹一節爲船出扶南然今交廣有竹節長二丈

其圍一二丈者往往有之

䈽簩竹

䈽簩竹皮薄而空多大者徑不過二寸皮麤澁以鎊

犀象利勝于鐵出大秦

石林竹

石林竹似桂竹勁而利削爲切割象皮如刀竿出九

真交趾

思摩竹

思摩竹如竹大而筍生其節筍既成竹春而筍徃生節焉交廣所在有之

篥竹

篥竹葉踈而大一節相去五六尺出九真彼人取嫩者磓浸紡績爲布謂之竹踈布

越王竹

越王竹根生石上若細荻高尺餘南之南人愛

其青色用爲酒籌云越王棄餘筭而竹生

桂海虞衡志

桂海虞衡志

不分卷

〔宋〕范成大 撰

清順治《説郛》刻本

桂海虞衡志序

始余自紫薇垣出帥廣右姻親故人張飲松江皆以炎荒風土爲戚余取唐人詩考桂林之地少陵謂之宜人樂天謂之無瘴退之至以湘南江山勝於驂鸞仙去則宦遊之適寧有踰於此者乎既以解親友而遂行乾道八年三月既至郡則風氣清淑果如所聞而巖岫之奇絕習俗之醇古府治之雄勝又有過所聞者余既不鄙夷其民而民亦矜予之拙而信其誠相戒毋欺侮歲比稔幕府少文書居二年余心安焉

承詔徙鎮全蜀亟上疏固謝不能留再閱月辭勿獲
命乃與桂民別民觴客於途既出郭又留二日始得
去航瀟湘絕洞庭泝灩澦馳驅兩川半年達于成都
道中無事時念昔游因追記其登臨之處與風物土
宜凡方志所未載者萃爲一書蠻陬絕徼見聞可紀
者亦附著之以備土訓之圖噫錦城以名都樂國聞
天下余幸得至焉然且惓惓於桂林至爲之綴緝瑣
碎如此蓋以信余之不鄙夷其民雖去之遠且在名
都樂國而猶弗忘之也淳熙二年長至日吳郡范成

大志能書

桂海虞衡志

桂海虞衡志目錄

目錄終

桂海巖洞志

宋　范成大

余嘗評桂山之奇宜爲天下第一士大夫落南者少往往不知而聞者亦不能信余生東吳而北撫幽薊南宅交廣西使岷峩之下三方皆走萬里所至無不登覽太行常山衡嶽廬阜皆崇高雄厚雖有諸峯之名政爾魁然大山峯云者蓋强名之其最號奇秀莫如池之九華歙之黄山括之仙都溫之鴈蕩夔之巫峽此天下同稱之者然皆數峯而

止爾又在荒絕僻遠之瀕非几杖間可得且所以
能拔乎其萃者必因重岡複嶺之勢盤亘而起其
發也有自來桂之千峯皆旁無延緣悉自平地崛
然特立玉筍瑤篸森列無際其怪且多如此誠當
爲天下第一韓退之詩云水作青羅帶山如碧玉
篸柳子厚訾家洲記云桂州多靈山發地峭豎林
立四野黄魯直詩云桂嶺環城如鴈蕩平地蒼玉
忽嵯峩觀三子語意則桂山之奇固在目中不待
余言之贅頃嘗圖其真形寄吳中故人蓋無深信

者此未易以口舌爭也山皆中空故峯下多佳巖

洞有名可紀者三十餘所皆去城不過七八里近

者二三里一日可以徧至今推其尤者記其畧

讀書巖在獨秀峯下直立郡治後爲桂主山傍無坡

阜突起千丈峯趾石屋有便房石榻石牖如環堵之

室顔延年守郡時讀書其中

伏波巖突然而起且千丈下有洞可容二十榻穿鑿

通透戶牖傍出有懸石如柱去地一線不合俗名馬

伏波試劍石前浸江濱波浪洶湧日夜漱齧之

疊綵巖在八桂堂後支徑登山太半有洞曲轉穿出山背

白龍洞在南溪平地半山中龕有大石屋由屋右壁入洞行半途有小石室

劉仙巖在白龍洞之陽仙人劉仲遠所居也石室高寒出半山間

華景洞高廣如十間屋洞門亦然

水月洞在宜山之麓其半枕江天然刓刻作大洞門透徹山背頂高數十丈其形正員望之端整如大月

輪江別泒流貫洞中踞石弄水如坐捲蓬大艑下

龍隱洞龍隱巖皆在七星山脚没江水中泛舟至石壁下有大洞門高可百丈皷棹而入仰觀洞頂有龍跡夭矯若印泥然其長竟洞舟行僅一箭許別有洞門可出巖在洞側山半有小寺即巖爲佛堂不復屋

雉巖亦江濱獨山有小洞洞門下臨灕江

立魚峯在西山後雄偉高峻如植立一魚餘峯甚多皆蒼石刻峭

棲霞洞在七星山七星山者七峯位置如北斗又一

赤峯在傍曰輔星石泥在山半腹入石門羊行百餘級得平地可坐數十人傍有兩路其一西行兩壁石液凝冱玉雪晶熒頂高數十丈路闊亦三四丈如行通衢中頓足蹴杖鏗然有聲如鼓鐘聲蓋洞之下又有洞焉半里遇大壑不可進一路北行俯僂而入數步則寬廣兩傍十許丈鍾乳垂下纍纍凡乳牀森圍石脈而出不自頑石出也進里餘所見益奇又行食頃則多岐遊者恐迷途不敢進云通九疑山也

元風洞去棲霞傍數百步風自洞中出寒如冰雪

元 字

胡泥切

曾公洞舊名冷水巖山根石門砑然入門石橋甚華曾丞相子宣所作有澗水莫知所從來自洞中右旋東流橋下復自右入莫知所往或謂洑流入于江也度橋有仙田數畝過田路窄且濕俯視石罅尺餘匍匐而進旋復高曠可通棲霞

屏風巖在平地斷山峭壁之下入洞門上下左右皆高曠百餘丈中有平地可宴百客仰視鍾乳森然倒垂者甚多躡石磴五十級有石穴通明透穴而出則

山川城郭恍然無際余因其處作朝天觀而命其洞曰空明

隱山六洞皆在西湖中隱山之上一曰朝陽二曰夕陽三曰南華四曰北牖五曰嘉蓮六曰白雀泛湖泊舟自西北登山先至南華出洞而西至夕陽洞窮有石門可出至北牖出洞十許步至朝陽又西至北牖穴口隘狹側身入有穴通嘉蓮西湖之外既有四山巉巖碧玉千峯倒影水面固已奇絶而湖心又浸陰山諸洞之外别有奇峯繪畫所不及荷花時有泛舟

攸事勝賞甲於東南

北潛洞在隱山之北中有石室石臺石果之屬石果作荔枝胡桃棗栗之形以采取玩之或以飣盤相問遺

南潛洞在西湖中羅家山上

佛子巖亦名鍾隱巖去城十里號最遠一山萃起券蒼中山腰有上中下三洞最廣中洞明敞高百許丈上洞差窄亦奇就洞中結架因石屋為堂室[illegible]

虛秀洞去城差遠大石室面平野室左右皆有徑隧

各數十百步穿透兩傍亦臨平野以上所紀皆附郭可日涉者餘外邑巖洞尚多不可皆到輿安石乳洞最勝余罷郡時過之上中下亦三洞此洞與棲霞相甲乙他洞不及也陽朔亦有繡山羅漢白鶴華蓋明珠五洞皆奇又聞容州都嶠有三洞天融州有靈巖眞仙洞世傳不下桂林但皆在瘴地士大夫尤罕到

桂海金石志

宋 范成大

本草有玉石部專主藥物非療病雖重不錄此篇亦主爲方藥所須者

生金出西南州峒生山谷田野沙土中不由礦出也峒民以淘沙爲生坏土出之自然融結成顆大者如麥粒小者如麩片便可鍛作服用但色差淡耳欲令精好則重鍊取足色耗去什二三既鍊則是熟金丹竈所須生金故錄其所出

丹砂本草以辰砂爲上宜砂次之今宜山人云出砂處與湖北犬牙山北爲辰砂南爲宜砂地脉不殊無甚分判宜砂老者白色有墻壁如鏡生白石牀上可入煉勢敵辰砂本草圖經乃云宜砂出土石間非白石牀所生即是未識宜砂也别有一種色紅質嫩者名土坑砂乃是出土石間者不甚耐火邕州亦有砂大者數十百兩作塊黑闇少墻壁嚼之紫黛不堪入藥彼人惟以燒取水銀圖經又云融州亦有砂今融州元無砂邕融聲相近蓋誤云

水銀以邕州溪洞朱砂末之入爐燒取極易成以百兩爲一銚銚之制以猪胞爲骨外糊厚紙數重貯之不漏

鍾乳桂林接宜融山中洞穴至多勝連州遠甚余遊洞親訪之仰視石脉湧起處即有乳牀如玉雪石液融結所爲也乳牀下垂如倒數峯小山峯端漸銳且長如冰柱柱端輕薄中空如鵞管乳水滴瀝未已且滴且凝此乳之最精者以竹管仰盛折取之鍊治家又以鵞管之端尤輕明如雲母爪甲者爲勝

銅邕州右江州峒所出掘地數尺即有礦故蠻人好
用銅器
綠銅之苗也亦出右江有銅處生石中質如石者名
石綠又有一種脆爛如碎土者名泥綠品最下價亦
賤
滑石桂林屬邑及猺洞中皆出有白黑二種功用相
似初出如爛泥見風則堅又謂之冷石土人以石灰
圬壁及未乾時以滑石末拂拭之光瑩如玉
鉛粉桂州所作最有名謂之桂粉其粉以黑鉛著糟

�化之

無名異小黑石子也桂林山中極多一包數百枚

石梅生海中一叢數枝橫斜瘦硬形色真枯梅也雖巧工莫作所不能及根所附著如覆菌或云本質爲海水所化如石蟹石蝦之類

石柏生海中一幹極細上有一葉宛是側柏扶踈無小異根所附著如烏藥大抵皆化爲石矣此與石梅雖未詳可以入藥否然皆奇物不可不志

桂海香志

宋　范成大

南方火行其氣炎上藥物所賦皆味辛而嗅香如沉箋之屬世專謂之香者又美之所鍾也世皆云二廣出香然廣東香乃自舶上來廣右香產海北者亦凡品惟海南最勝人士未嘗落南者未必盡知故著其說

沉水香上品出海南黎峒一名土沉香少大塊其次如𦼮栗角如附子如芝菌如茅竹葉者佳至輕薄如

紙者入水亦沉香之節因久蟄土中滋液下流結而

爲香採時香面悉在下其背帶木性者乃出土上環

島四郡界皆有之悉冠諸蕃所出又以出萬安者爲

最勝說者謂萬安山在島正東鍾朝陽之氣香尤醞

藉豐美大抵海南香氣皆清淑如蓮花梅英鵝梨蜜

脾之類焚一博投許氣翳彌室翻之四面悉香至煤

燼氣不焦此海南香之辨也北人多不甚識蓋海上

亦自難得省民以牛博之於黎一牛博香一擔歸自

差擇得沉水十不一二中州人士但用廣州舶上占

[illegible]香近年又貴丁流眉來者余試之乃不及一
海南中下品舶香往往腥烈不甚腥者意味又短帶
木性尾煙必焦其出海北者生交趾及交人得之海
外蕃舶而聚于欽州謂之欽香質重實多大塊氣尤
酷烈不復風味惟可入藥南人賤之
蓬萊香亦出海南即沉水香結未成者多成片如小
笠及大菌之狀有經一二尺者極堅實色狀皆似沉
香惟入水則浮刳去其背帶木處亦多沉水
鷓鴣斑香亦得之于海南沉水蓬萊及絕好箋香中

槎牙輕鬆色褐黑而有白斑點點如鷓鴣臆上毛氣

尤清婉似蓮花

箋香出海南香如蝟皮栗蓬及漁蓑狀蓋修治時雕

鏤費工去木留香刺棘森然香之精鍾於刺端芳氣

與他處箋香夐別出海北者聚於欽州品極凡與廣

東舶上生熟速結等香相埒海南箋香之下又有重

漏生結等香皆下色

光香與箋香同品第出海北及交趾亦聚於欽州多

大塊如山石枯槎氣麤烈如焚松檜曾不能與海南

箋香：此南人常以供日用及常程祭享。

沉香：出交趾。以諸香草合和蜜調，如薰衣香。其氣溫麘，自有一種意味，然微昏鈍。

香珠：出兖州府北。香捏成小巴豆狀，琉璃米間之，綵絲貫之，作道人數珠，入省地賣。南中婦人好帶之。

思勞香：出日南，如乳香，瀝青黃褐色，氣如楓香。交趾人用以合和諸香。

排草：出日南，狀如白茅，香芬烈如麝香。亦用以合香，諸草香無及之者。

檳榔苔出西南海島生檳榔木上如松身之艾蒳單爇極臭交趾人用以合泥香則能成溫馨之氣功用如甲香

橄欖香橄欖木脂也狀如黑膠飴江東人取黃連木及楓木脂以爲欖香蓋其類出于橄欖故獨有清烈出塵之意品格在黃連楓香之上桂林東江有此果居人采香賣之不能多得以純脂不雜木皮者爲佳

零陵香宜融等州多有之土人編以爲席薦坐褥媛宜人零陵今永州實無此香

桂海酒志

宋　范成大

余性不能酒士友之飲少者莫余若而能知酒者亦莫余若也頃數仕于朝游王公貴人家未始得見名酒使虜至燕山得其宮中酒號金蘭者乃大佳燕西有金蘭山汲其泉以釀及來桂林而飲瑞露乃盡酒之妙聲震湖廣則雖金蘭之勝未必能頡頏也

瑞露帥司公廚酒也經撫廳前有井清烈汲以釀遂

有名今南庫中自出一泉近年只用庫井酒仍隹

古辣泉古辣本賓横間墟名以墟中泉釀酒既熟不

煑埋之地中日足取出

老酒以麥麴釀酒密封藏之可數年士人家尤貴重

每歲臘中家家造鮓使可爲卒歲計有貴客則設老

酒冬酢以示勤婚娶亦以老酒爲厚禮

桂海器志

宋　范成大

南州風俗猱雜蠻猺故凡什器多詭異而外蠻兵
甲之製亦邊備之所宜知者

竹弓以熏竹爲之觔膠之制一如角弓惟揭箭不甚
力

黎弓海南黎人所用長硝木弓也以藤爲弦箭長三
尺無羽鏃長五寸如茨菰葉以無羽故射不遠三四
丈然中者必死

蠻弩諸峒猺及西南諸蕃其造作畧同以硬木爲弓椿甚短似中國獵人射生弩但差大耳

猺人弩又名編架弩無箭槽編架而射也

藥箭化外諸蠻所用弩雖小弱而以毒藥濡箭鋒中者立死藥以蛇毒草爲之

蠻甲惟大理國最工甲冑皆用象皮胸背各一大片如龜殼堅厚與鐵等又聯綴小皮片爲披膊護項之屬製如中國鐵甲葉皆朱之兜鍪及甲身內外悉朱地間黃黑漆作百花蟲獸之文如世所用犀毗器極

工妙又以小白貝纍纍駱甲縫及裝兜鍪疑猶傳古貝冑朱綅遺製云

黎兜鍪海南黎人所用以藤織爲之

雲南刀即大理所作鐵青黑沉沉不錔南人最貴之以象皮爲鞘朱之上亦畫犀毗花文一鞘兩室各函一刀靶以皮條纏束貴人以金銀絲

蠻刀兩江州峒及諸外蠻無不帶刀者一鞘二刀與雲南同但以黑漆雜皮爲鞘

黎刀海南黎人所作刀長不過一二尺靶乃三四寸

織細藤纒束之靶端捶白角片尺許如鵰鶚尾以爲

飾

蠻鞍西南諸蕃所作不用韉但空垂兩木鐙鐙之狀

刻如小龕藏足指其中恐入榛棘傷足也後鞦鏇木

爲大錢纍纍貫數百狀如中國騾驢鞦

蠻鞭刻木節節如竹根朱墨間漆之長纔四五寸其

首有鐵環貫二皮條以策馬

花腔腰皷出臨桂職田鄉其土特宜皷腔村人専作

窰燒之油畫紅花紋以爲飾

銅鼓古蠻人所用南邊土中時有掘得者相傳爲馬伏波所遺其製如坐墩而空其下滿鼓皆細花紋極工緻四角有小蟾蜍兩人舁行以手拊之聲全似鞞鼓

銃鼓猺人樂狀如腰鼓腔長倍之上銳下侈亦以皮鞔植于地坐拊之

盧沙猺人樂狀類簫縱八管横一管貫之

胡盧笙兩江峒中樂

藤合屈藤盤繞成柈合狀漆固護之出藤梧等郡

雞毛筆嶺外亦有兔然極少俗不能爲兔毫筆率用

雞毛其鋒踉蹡不聽使

練子出兩江州峒大略似苧布有花紋者謂之花練

土人亦自貴重

緂亦出兩江州峒如中國線羅上有徧地小方勝紋

蠻氊出西南諸蕃以大理者爲最蠻人晝披夜臥無

貴賤人有一番

黎幕出海南黎峒人得中國錦綵折取色絲間木綿

挑織而成每以四幅聯成一幕

黎單亦黎人所織青紅間道木綿布也桂林人悉買以爲臥具

檳榔合南人既喜食檳榔其法用石灰或蜆灰并扶留藤同咀則不澀土人家至以銀錫作小合如銀鋌樣中爲三室一貯灰一貯藤一貯檳榔

鼻飲杯南人習鼻飲有陶器如杯椀旁植一小管若瓶嘴以鼻就管吸酒漿暑月以飲水云水自鼻入咽快不可言邕州人已如此記之以發覽者一胡盧也

牛角杯海旁人截牛角令平以飲酒亦古兕觥遺意

蠻椀以木刻朱黑間漆之侈腹而有足如敦瓿之形

竹釜猺人所用截大竹筒以當鐺鼎食物熟而竹不

燋蓋物理自爾非異也

戲面桂林人以木刻人面窮極工巧一枚或值萬錢

桂海禽志

宋　范成大

南方多珍禽非君子所問又余以法禁采捕甚急故不能多識偶於人家見之及有異聞者錄以備博物

孔雀生高山喬木之上人採其雛育之喜臥沙中以沙自浴拘拘甚適雄者尾長數尺生三年尾始長歲一脫尾夏秋復生羽不可近目損人飼以猪腸及生菜惟不食菘

鸚鵡近海郡尤多民或以鸚鵡爲鮓又以孔雀爲腊皆以其易得故也此二事載籍所未紀自余始志之南人養鸚鵡者云此物出炎方稍北中冷則發瘴噤戰如人患寒熱以柑子飼之則愈不然必死

白鸚鵡大如小鵞亦能言羽毛玉雪以手撫之有粉粘著指掌如蛺蝶翅

烏鳳如喜雀色紺碧頸毛類雄鷄鬃頭有冠尾垂二弱骨各長一尺四五寸其杪始有毛羽一簇冠尾絶異大畧如鳳鳴聲清越如笙簫然度曲妙合宮商又

態鶖百蟲之音生左右江溪峒中極難得然書傳未之紀當由人罕識云

秦吉了如鸜鵒紺黑色丹咮黃距目下連頂有深黃文頂毛有縫如人分髮能人言比鸚鵡尤慧大抵鸚鵡如兒女吉了聲則如丈夫出邕州溪洞中唐書林邑出結遼鳥林邑今占城去邕欽州但隔交趾疑即吉了也

錦雞又名金雞形如小雉湖南北亦有之

山鳳皇狀如鷲鷹嘴如鳳巢兩江深林中伏卵時雄

者以木枝雜桃膠封其雌于巢獨留一竅雄飛求食以飼之子成即發封不成則窒竅殺之此亦異物然亦之見也

翻毛雞翮翎皆翻生彎彎向外尤馴狎不散逸二廣皆有

長鳴雞高大過常雞鳴聲甚長終日啼號不絕生邕州溪洞中

翡翠出海南邕賀二州亦有腊而賣之

灰鶴大如鶴通身灰慘色去頂二寸許毛始丹及頂

之半亦能鳴舞

鷓鴣大如竹雞而差長頭如鶉身文亦然惟臆前白點正圓如珠人采食之

水雀蒼色似鸛鴿飛集戶庭翾翾然與燕雀為伍

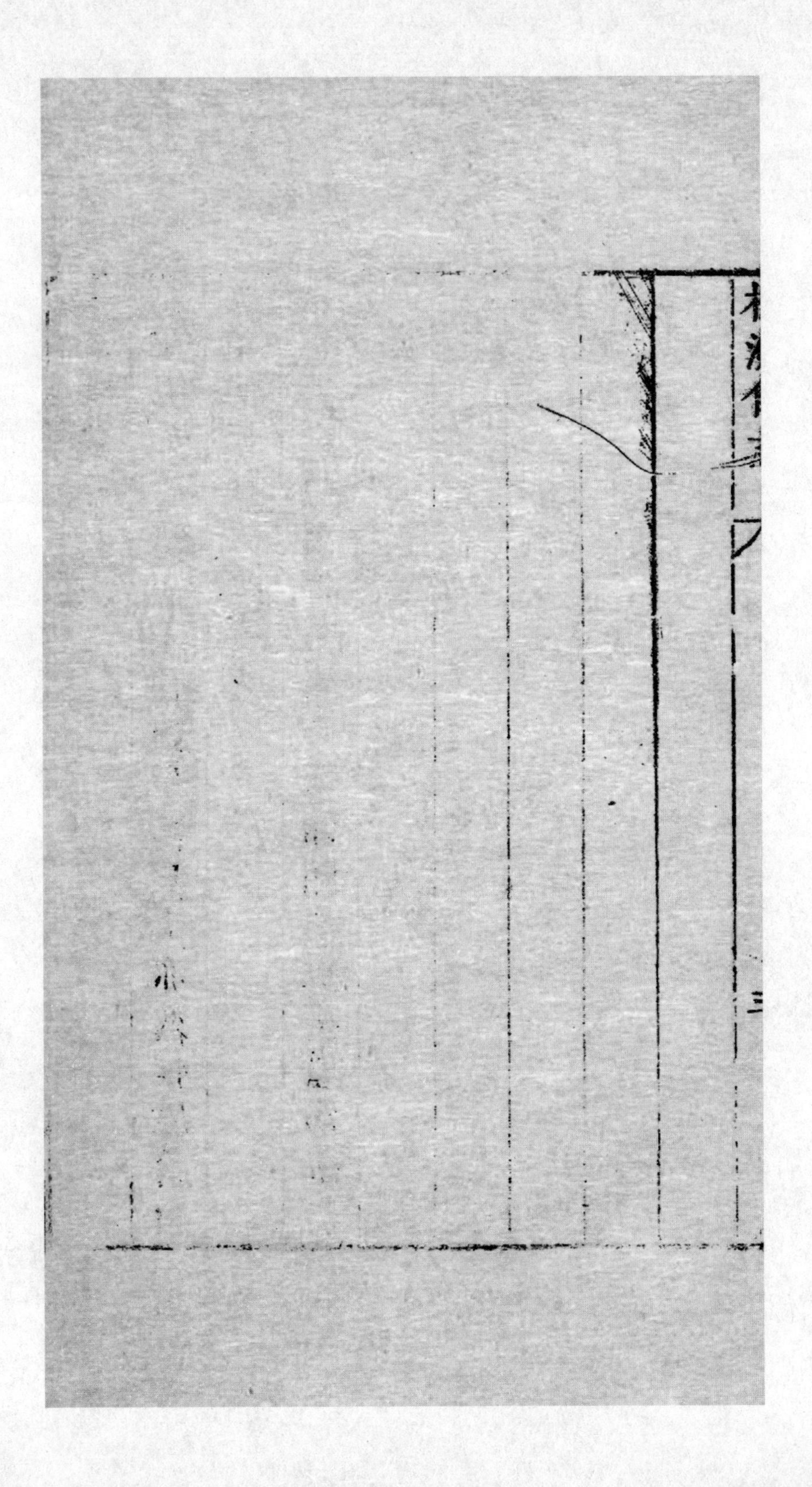

桂海獸志

宋　范成大

獸莫巨於象莫有用于馬皆南土所宜余治馬政頗補苴漏隙其說累牘所不能載姑著其畧及畜獸稍異者併爲一篇

象出交趾山谷惟雄者則兩牙佛書云四牙又云六牙今無有

蠻馬出西南諸蕃多自毗那自杞等國來自杞取馬於大理古南詔也地連西戎馬生尤蕃

大理馬爲西南蕃之最

果下馬土產小駟也以出德慶之瀧水者爲最高不踰三尺駿者有兩脊骨故又號雙脊馬健而喜行

猨有三種金絲者黄玉面者黑純黑者面亦黑金絲玉面皆難得或云純黑者雄金絲者雌又云雄能嘯雌不能也猨性不耐著地著地輙瀉以死煎附子汁飲之卽愈

蠻犬如獵狗警而猘

鬱林犬出鬱林州極高大垂耳拳尾與常犬異

花羊南中無白羊多黃褐白斑如黃牛又有一種深褐黑脊白斑全似鹿

乳羊本出英州其地出仙茅羊食茅舉體悉化爲肪不復有血肉食之宜人

綿羊出邕州溪洞及諸蠻國與朔方胡羊不異

麝香自邕州溪洞來者名土麝氣燥烈不及西蕃

火狸狸之類不一邕州別有一種其毛色如金錢豹但其錢差大耳彼人云歲久則化爲豹其文先似之矣

風狸狀似黃猿食蜘蛛晝則拳曲如蝟遇風則飛行

空中其溺及乳汁主大風疾奇效

𤢴婦如山豬而小喜食禾田夫以機軸織絍之器掛田所則不復近安平七源等州有之

山豬即豪豬身有棘刺能振發以射人三二百爲羣以害禾稼州洞中甚苦之

石鼠專食山豆根賓州人以其腹乾之治咽喉疾效如神謂之石鼠肚

香鼠至小僅如指擘大穴于柱中行地中疾如激箭

山𤢴出宜州溪洞俗傳爲補助要藥洞人云𤢴性淫

毒山中有此物凡牝獸悉避去獮無偶抱木而枯洞
獠尤貴重云能解藥箭毒中箭者研其骨少許傅治
立消一枚直金一兩人或求買但得殺死者功力甚
劣

桂海蟲魚志

宋　范成大

蟲魚微物外薄于海者其類庸可旣載錄偶見聞者萬一

珠出合浦海中有珠池蜑戶投水採蚌取之歲有豐耗多得謂之珠熟相傳海底有處所如城郭大蚌居其中有怪物守之不可近蚌之細碎蔓延於外者始得而采

車磲似大蚌海人磨治其殼爲諸玩物

蚺蛇大者如柱長稱之其膽入藥南人腊其皮刮去鱗以鞔鼓蛇常出逐鹿食寨兵善捕之數輩滿頭插花趨赴蛇蛇喜花必駐視漸近競拊其首大呼紅娘子蛇頭益俛不動壯士大刀斷其首衆悉奔散遠伺之有頃蛇省覺奮迅騰擲傍小木盡拔力竭乃斃數十人舁之一村飽其肉

蝳蝐形似龜黿輩背甲十三片黑白斑文相錯鱗差以成一背其邊襴闕齧如鋸齒無足而有四鬛前兩鬛長狀如檝後兩鬛極短其上皆有鱗甲以四鬛

以水而行海人養以鹽水飼以小鱗俗傳甲子庚申日輒不食謂之蝳蝐齋日其說甚俚

蜈蚣有極大者

青螺狀如田螺其大兩拳揩磨去麤皮如翡翠色雕琢爲酒杯

鸚鵡螺狀如蝸牛殼磨治出精采亦雕琢爲杯

貝子海傍皆有之大者如拳上有紫斑小者指面大白如玉

石蟹生海南形真是蟹云是海沫所化理不可詰又

有石蝦亦其類

鬼蛺蝶大如扇四翅好飛荔枝上

黑蛺蝶大如扇橘蠹所化北人云玄武蟬

嘉魚狀如小鰣魚多脂味極腴美出梧州火山人以

爲鮓餉遠

蝦魚出灘水肉白而豐味似蝦而鬆美

竹魚出灕水狀似青魚味如鱖魚南中魚品如鯉鯽

輩皆有之而以蝦竹二魚爲珍

天蝦狀如大飛蟻秋社後有風雨則群墮水中有小

趁人候其墮掠取之為鮓

桂海虞衡志　三

桂海花志

宋　范成大

桂林具有諸草花木牡丹芍藥桃杏之屬但培漑不力存形似而已今著其土產獨宜者凡北州所有皆不錄

上元紅深紅色絕似紅木瓜花不結實以燈夕前後開故名

白鶴花如白鶴立春開

南山茶葩萼大倍中州者色微淡葉柔薄有毛別自

有一種如中州所出者
紅荳蔻花叢生葉瘦如碧蘆春末發初開花先抽一
榦有大籜包之籜解花見一穗數十蕊淡紅鮮妍如
桃杏花色蕊重則下垂如蒲萄又如火齊纓絡及剪
綵鸞枝之狀此花無實不與草荳蔻同種每蕊心有
兩瓣相並詞人托興曰比目連理云
泡花南人或名柚花春末開蕊圓白如大珠既拆則
似茶花氣極清芳與茉莉素馨相逼番人采以蒸香
風味超勝

紅蕉花葉瘦類蘆箬心中抽條條端發花葉數層日
折一兩葉色正紅如榴花荔子其端各有一點鮮綠
尤可愛春夏開至歲寒猶芳又有一種根出土處特
肥飽如膽缾名膽缾蕉
枸那花葉瘦長畧似楊柳夏開淡紅花一朶數十蕚
至秋深猶有之
史君子花蔓生作架植之夏開一簇一二十葩輕盈
似海棠
水西花葉如萱草花黄夏開

裹梅花即木槿有紅白二種葉似蜀葵采紅者連葉
包裹黃梅鹽漬暴乾以薦酒故名玉修花粉紅色四
季開

象蹄花如梔子而葉小夏開至秋深

素馨花比番禺所出爲少當由風土差宜故也

茉莉花亦少如番禺以淅米漿日溉之則作花不絕
可耐一夏花亦大且多葉倍常花六月六日又以治
魚腥水一溉益佳

石榴花南中一種四季常開夏中既實之後秋深忽

又大發花且實枝頭碩果鏬裂而其旁紅英粲然併花實折飣盤筵極可玩

添色芙蓉花晨開正白午後微紅夜深紅

側金盞花如小黄葵葉似槿歲暮開與梅同時

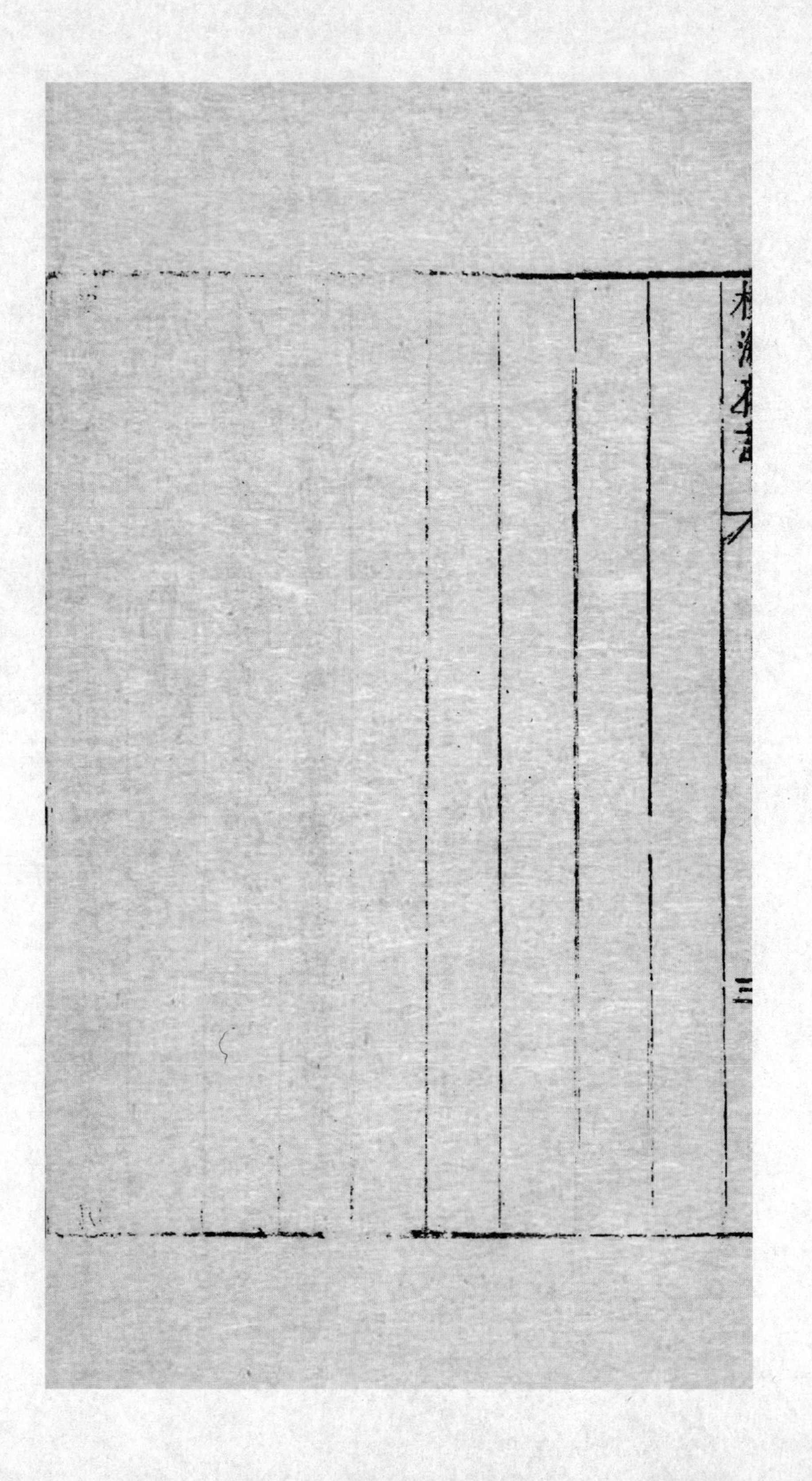

桂海果志

宋　范成大

世傳南果以子名者百二十半是山野間草木實猿狙之所甘人强名以爲果故余不能盡識錄其識可食者五十五種

荔枝自湖南界入桂林纔百餘里便有之亦未甚多昭平出檦核臨賀出綠色者尤勝自此而南諸郡皆有之悉不宜乾肉薄味淺不及閩中所産

龍眼南州悉有之極大者出邕州圍如當二錢但肉

薄不能遠過常品爲可恨

饅頭柑近蔕起饅頭尖者味香勝可埒永嘉乳柑

金橘出營道者爲天下冠出江浙者皮甘肉酸不逮

矣

綿李味甘美勝常品擘之兩片開如離核桃其堅如

石栗圓如彈子每顆有梗抱附之類枸櫞肉黃白甘

韌似巴欖子仁附肉有白膜不可食發病北人或呼

爲海胡桃

龍荔殼如小荔枝肉味如龍眼木身葉亦似二果故

名可蒸食不可生啖令人發瘋或見鬼物三月開小
白花與荔枝同時
木竹子皮色形狀全似大枇杷肉甘美秋冬、間實
冬桃狀如棗深碧而光軟爛甘酸春夏熟
羅望子殼長數寸如肥皂又如刀豆色正丹內有二
三實煨食甘美
人面子如大梅李核如人面兩目鼻口皆具肉甘酸
宜蜜煎
烏欖如橄欖青黑色肉爛而甘

方欖亦橄欖類三角或四角出兩江州洞

椰子木身葉悉類櫻櫚桄榔之屬子生葉間一穗數枚枚大如五升器果之大者謂惟此與波羅蜜等耳皮中子殼可爲器子中瓤白如玉味美如牛乳瓤中酒新者極清芳久則渾濁不堪飲

蕉子芭蕉極大者凌冬不凋中抽榦長數尺節節有花花褪葉根有實去皮取肉軟爛如綠柿極甘冷四季實土人或以飼小兒云性涼去客熱以梅汁漬暴乾按令扁味甘酸有微霜世所謂芭蕉乾者是也又

名牛子蕉

雞蕉子小如牛蕉亦四季實

芽蕉子小如雞蕉尤香嫩甘美秋初實

紅鹽草果取生草荳蔻入梅汁鹽漬令色紅暴乾以薦酒

鸚鴉舌即紅鹽草果之珍者實始結即頻取紅鹽乾之纔如小舌

八角茴香北人得之以薦酒少許咀嚼甚芳香出左右江州洞中

餘甘子多販入北州人皆識之其木可以製器

五稜子形甚詭異瓣五出如田家碌碡狀味酸久嚼

微甘閩中謂之羊桃

黎朦子如大梅復似小橘味極酸

波羅蜜大如冬瓜外膚磈砢如佛髻削其皮食之味

極甘子練悉如冬瓜生大木上秋熟

柚子南州名臭柚大如瓜人亦食之皮甚厚打碑者

卷皮蘸墨以代氊刷宜墨而不損紙極便于用此法

可傳但北州無許大柚耳

槽子大如半升，梳諦視之數十房攢聚成毬每房之
有縫冬生青至夏紅破其瓣食之微甘

槎櫟子如錐栗肉甘而微澀

地蠶生土中如小蠶又似甘露子

赤柚子如橄欖皮青肉赤以下並春實

火炭子如烏李

山韶子色紅肉如荔枝以下八種並夏實

山龍眼色青肉如龍眼

部蹄子色黃如大石榴

木頼子如淡黄大李

粘子如猜面大褐色

羅晃子如橄欖其皮七重

千歳子如青黄李味甘

赤棗子如酸棗味酸

藤韶子大如鳧卵柹以下十三種並秋實

古米子殻黄中有肉如米粒

殻子如青梅味甘

藤核子生白藤上如小滿[illegible]

木連子如胡桃紫色

羅蒙子黃如大橙柚

毛栗如橡栗

特乃子狀似榧而圓長端正

不納子似黃熟小梅絕易爛爛卽破肉附核可爲經

珠似菩提子

羊矢子色狀全似羊矢味亦不佳

日頭子狀如櫻桃色如如蒲桃穗

秋風子色狀俱似楝子

黄皮子如小棗

朱圓子正圓深紅狀如楝子以下六種皆冬實

匾桃大如桃而匾色正青

粉骨子皮黄色如粉

珞骨子匾如大橘皮裏空虚

布衲子似李而黄

黄肚子如小石榴

桂海草木志

宋　范成大

異草瑰木多生窮山荒野其不中醫和匠石者人亦不采故余所識者少惟竹品乃多絫異併附于

錄

桂南方奇木上藥也桂林以桂名地實不產而出于賓宜州凡木葉心皆一縱理獨桂有兩紋形如圭製字者意或出此葉味辛甘與皮無別而加芳美人喜咀嚼之

榕易生之木又易高大可覆數畝者甚多根出半身附幹而下以入土故有榕木倒生根之語禽鳥銜其子寄生他木上便蔚茂根下至地得土氣久則過其所寄

沙木與杉同類尤高大葉尖成叢穗少與杉異

桄榔木身直如杉又如棕櫚有節似大竹一幹挺上高數丈開花數十穗綠色

思櫑木生兩江州洞堅實漬鹽水中百年不腐

[illegible]脂木堅緻色如[illegible]脂可鏇作出融州及州洞桂林

縣亦有之

雞檳葉如楝其葉煮湯療足膝疾

龍骨木色翠青狀如枯骨

風膏藥葉如冬青治太陽疼頭目昏眩

南漆如稀飴氣如松脂霑霑無力

篛竹葉大且密畧如蘆葦

澀竹膚麤澀如木工所用砂紙可以錯磨爪甲

人面竹節密而凸宛如人面人採爲拄杖

釣絲竹類篛竹枝極柔弱

斑竹中有疊暈江浙間斑竹直一淚痕無暈也

貓頭竹質性類筋竹

桃枝竹多生石上葉如小椶櫚人以大者爲杖

竻竹刺竹也芒棘森然

箭竹山中悉有

宿根茄茄本不凋明年結實

銅鼓草其實如瓜療瘴癘毒

大蒿容梧道中久經霜雪處年深滋長大者可作屋

柱小亦中肩輿之杠

石髮出海上纖長如絲縷

匾菜細如荇帶匾如薤菜長一二尺

都管草一莖六葉辟蜈蚣蛇

花藤鏇以爲器用中有花紋

胡蔓藤毒草也揉其草漬之水入口即死

桂海雜志

宋　范成大

嶠南風土之異宜錄以備摶聞而不可以部居謂之雜志

雪南州多無雪霜草木皆不改柯易葉獨桂林歲歲得雪或臘中三白然終不及北州之多靈川興安之間兩山蹲踞中容一馬謂之嚴關朔雪至關輒止大盛則度送至桂林城下不復南矣

風廣東南海有颶風西路稍北州縣悉無之獨桂林

多風秋冬大甚拔木飛瓦晝夜不息俗傳朝作一日
止暮七日夜半則彌旬去海猶千餘里非颶也土人
自不知其說余試論之桂林地勢視長沙番禺在千
丈之上高而多風理固然也

癸水桂林有古記父老傳誦之畧曰癸水繞東城永
不見刀兵癸水灕江也

瘴二廣惟桂林無之自是而南皆瘴鄉矣瘴者山嵐
水毒與草莽沴氣鬱勃蒸熏之所爲也其中人如瘧
狀治法雖多常以附子爲急須不換金正氣散爲通

用邕州兩江水土尤惡一歲無時無瘴春曰青草瘴夏曰黃梅瘴六七月曰新禾瘴八九月曰黃茅瘴土人以黃茅瘴爲尤毒桂嶺舊不知的實所在城北五里有尋丈小坡立石其上刻曰桂嶺賀州自有桂嶺縣相傳始名嶺在其地今小坡非也

俗字邊遠俗陋牒訴券約專用土俗書桂林諸邑皆然今姑記臨桂數字雖甚鄙野而偏傍亦有依附㚁音矮不長也閠音穩坐于門中穩也坔亦音穩大坐亦穩也仦音嫋小兒也奀音動人瘦弱也𡘋音終人亡絕也孬音臘不

能舉足也𡚸音大女大及姊也岙音勵山石之巖窟也閄音穩門橫關也他不能悉紀余閱訟牒二年習見之太理國間有文書至南邊及商人持其國佛經題識猶有用圀字者圀武后所作國字也唐書稱大禮國令其國止用理字

捲伴南州法度疏畧婚姻多不正村落强暴竊人妻女以逃轉移他所安居自若謂之捲伴言捲以爲伴侶也已而復爲後人捲去至有歷數捲未已者其舅姑若前夫訪知所在詣官自陳官爲追究往往所謂

前夫亦是捲。伴得之復爲後人所捲。惟其親父母兄弟及初娶者所訢即歸。始初被捲之家。

草子即寒熱時疫。南中吏卒小民不問病源。但頭痛體不佳。便謂之草子。不服藥。使人以小錐刺唇及舌尖出血。謂之桃草子。實無加損于病。必服藥乃愈。

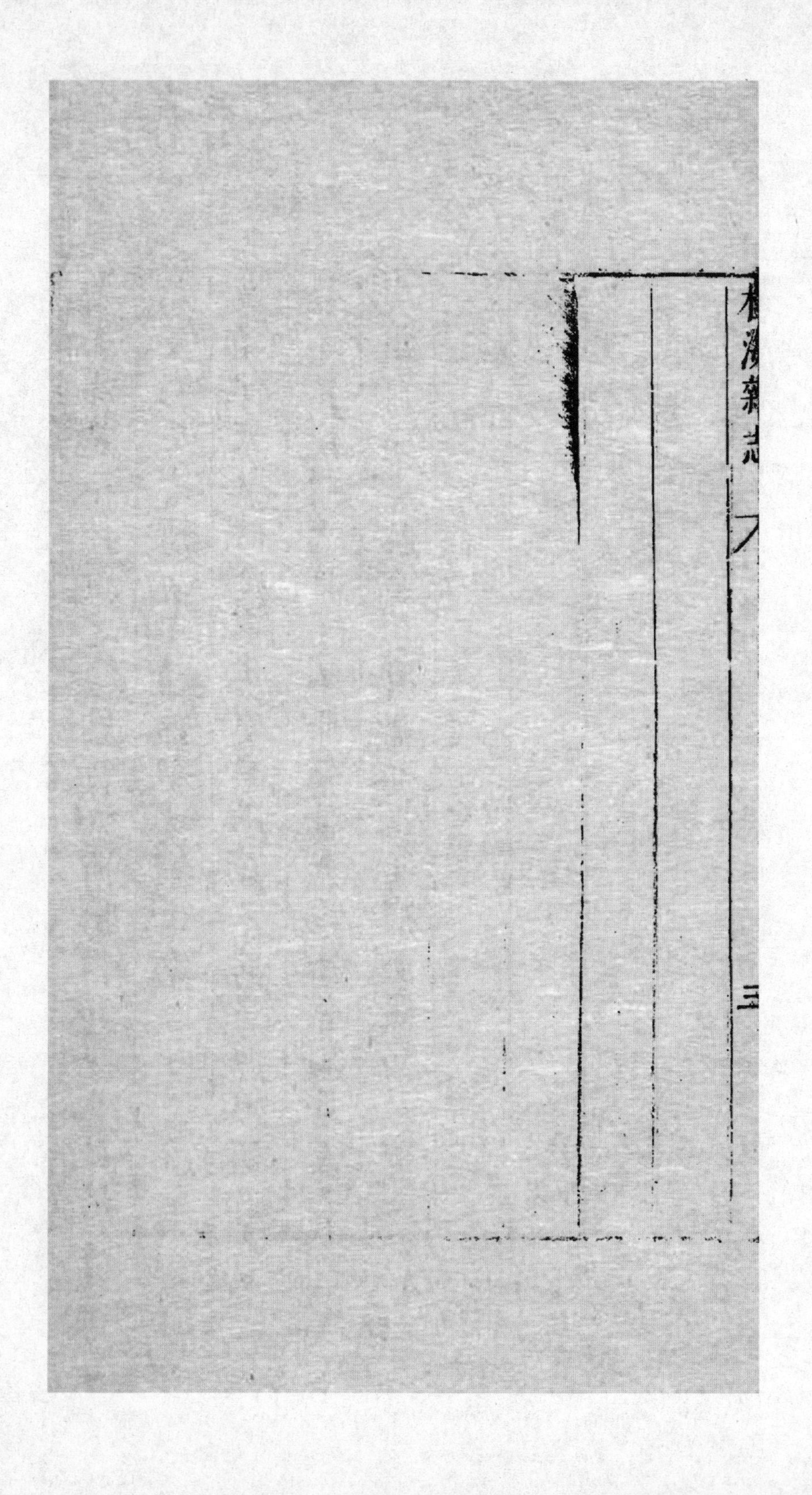

桂海蠻志

宋　范成大

廣西經畧使所領二十五郡其外則西南諸蠻蠻之區落不可殫記姑記其聲問相接帥司常有事于其地者數種曰羈縻州洞曰傜曰獠曰黎曰蜑

通謂之蠻

羈縻州洞隷邕州左右江者爲多舊有四道儂氏謂安平武勒忠浪七源四州皆儂姓又有四道黃氏謂安德歸樂露城田州皆黃姓又有武侯延衆石門感

德四鎮之民自唐以來內附分析其種落大者爲州小者爲縣又小者爲洞國朝開拓寖廣州縣洞五十餘所推其雄長者爲首領籍其民爲壯丁其人物獷悍風俗荒怪不可盡以中國教法繩治姑羈縻之而已有知州權州監州知縣知洞其次有同發遣權發遣之屬謂之主戶餘民皆稱提陀猶言百姓也其田計口給民不得典賣惟自開荒者由己謂之祖業口分田知州别得養印田猶圭田也權州以下無印記者得蔭免田既各服屬其民又以攻剽山獠及博買

嫁娶所得生口男女相配給田使耕教以武技世世
隷屬謂之家奴亦曰家丁民云强壯可教勸者謂之
田子甲丁亦曰馬前牌總謂之洞丁今黃姓尚多而
儂姓絕少智高亂後儂氏善良許從國姓今多姓趙
氏有舉洞純一姓者婚姻不以爲嫌酋豪或娶數妻
皆曰媚娘宜州管下亦有羈縻州縣十餘所其法制
尤疏幾似化外其尤者曰南丹州待之又與他州洞
不同特命其首領莫氏曰刺史月支鹽料及守臣供
給錢其說以謂宜州徼外即唐黃家賊之地嵩建肅

丹使控制之莫民家人亦有時相凌奪令刺史莫延葚逐其弟延廪而自立延廪奢㣲廷謂之南宋州洞歸羈者皆稱出本

繇本五溪槃瓠之後其壤接巖右者静江之興義寧古縣融州之融水懷遠縣界皆有之孟稀山重溪中推髻跣足不供征役各以其遠近爲伍

獠在右江溪洞之外俗謂之山獠依山林而居無酋長版籍蠻之荒忽無常者也以射生食動而活蟲豸能蠕動者皆取食無年甲姓名一村中惟有事力者

日南人今但稱人舊傳其類有飛頭鑿齒鼻飲白衫花面赤褌之屬二十一種今在右江西南一帶甚多殆百餘種也

蠻南方曰蠻今郡縣之外羈縻州洞雖故皆蠻地猶近省民供稅役故不以蠻命之過羈縻則謂之化外眞蠻矣區落連亘接于西戎種類殊詭不可勝記今志其近桂林者宜州有西南蕃大小張大小王龍石滕謝諸蕃地與牂牁接人椎髻跣足或著木履衣青花斑布以射獵仇殺爲事又南連邕州南江之外者

羅殿自杞等以國名羅孔特磨白衣九道等以道名

而峩州以西别有酋長無所統屬者蘇綺羅坐夜面

計利流求萬壽多嶺阿㑂等蠻謂之生蠻酋自謂太

保大抵與山獠相似但有首領耳羅殿等處乃成聚

落亦有文書公文稱守羅殿國王其外又有大蠻落

西曰大理東曰交趾大理南詔國也交趾古交州治

龍編又爲安南都護府

黎海南四郡𡼖上蠻也𡼖直雷州由徐聞渡半日至

𡼖之中有黎母山諸蠻環居四傍號黎人山極高常

在霧靄中黎人自鮮識之久晴海氣清廓時或見其
尖浮半空云蠻皆椎髻跣足插銀銅錫釵婦人加銅
環耳墜垂肩女及笄即黥頰爲細花紋謂之繡面女
既黥集親客相慶賀惟婢獲則不繡面四郡之人多
黎姓蓋其裔族而今黎人乃多姓王

蜑海上水居蠻也以舟楫爲家採海物爲生且生食
之入水能視合浦珠池蚌蛤惟蜑能沒水採取旁人
以蠅繫其腰繩動搖則引而上先煑毳衲極熱出水
急覆之不然寒慄而死或遇大魚蛟鼉諸海怪爲鬐

鼊所觸往往潰腹折支人見血一縷浮水面知蛋死矣

浙東紀游草

浙東紀游草

不分卷

〔清〕沈錫爵 撰

清道光刻本

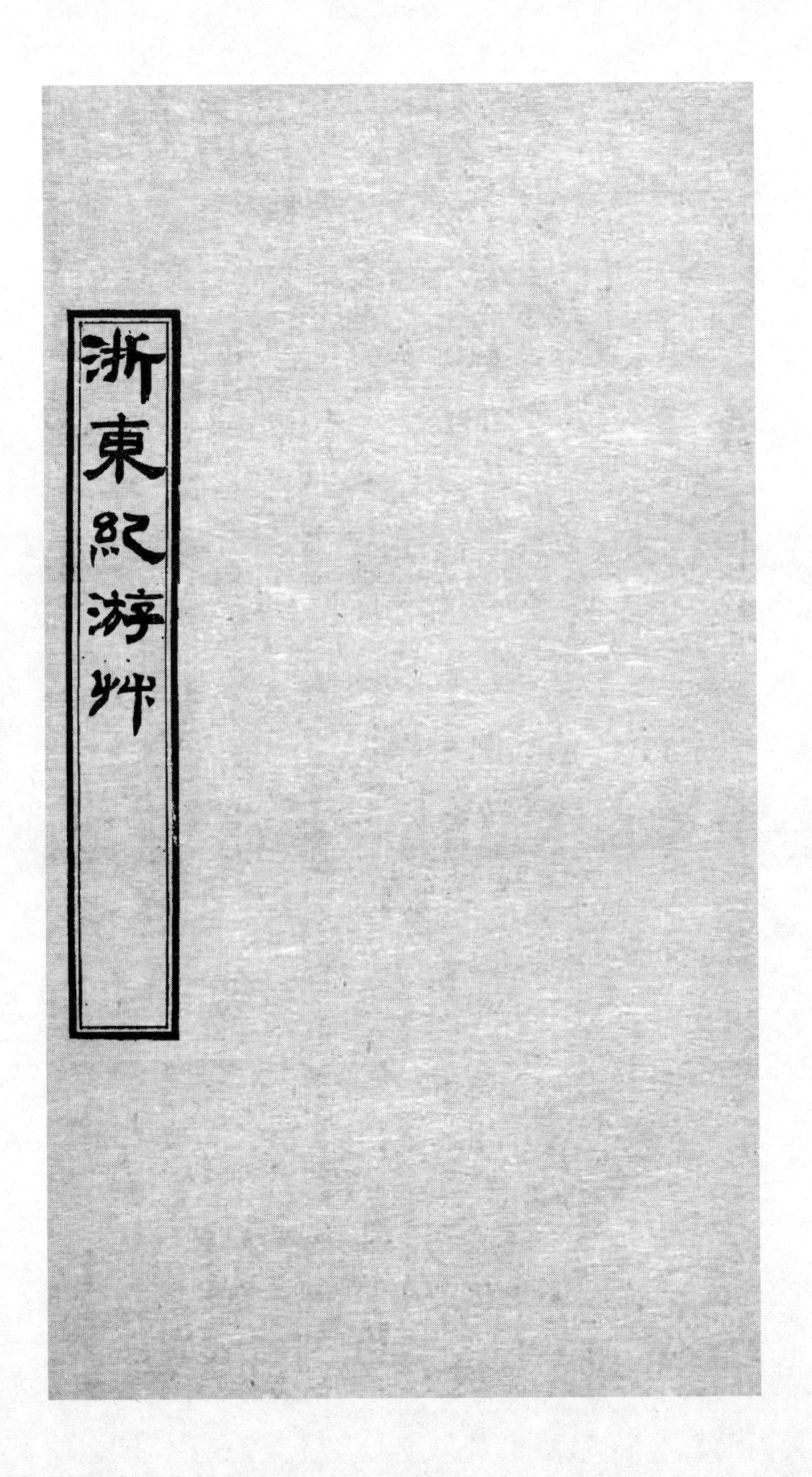
浙東紀游草

浙東紀游草

道光壬午春鐫

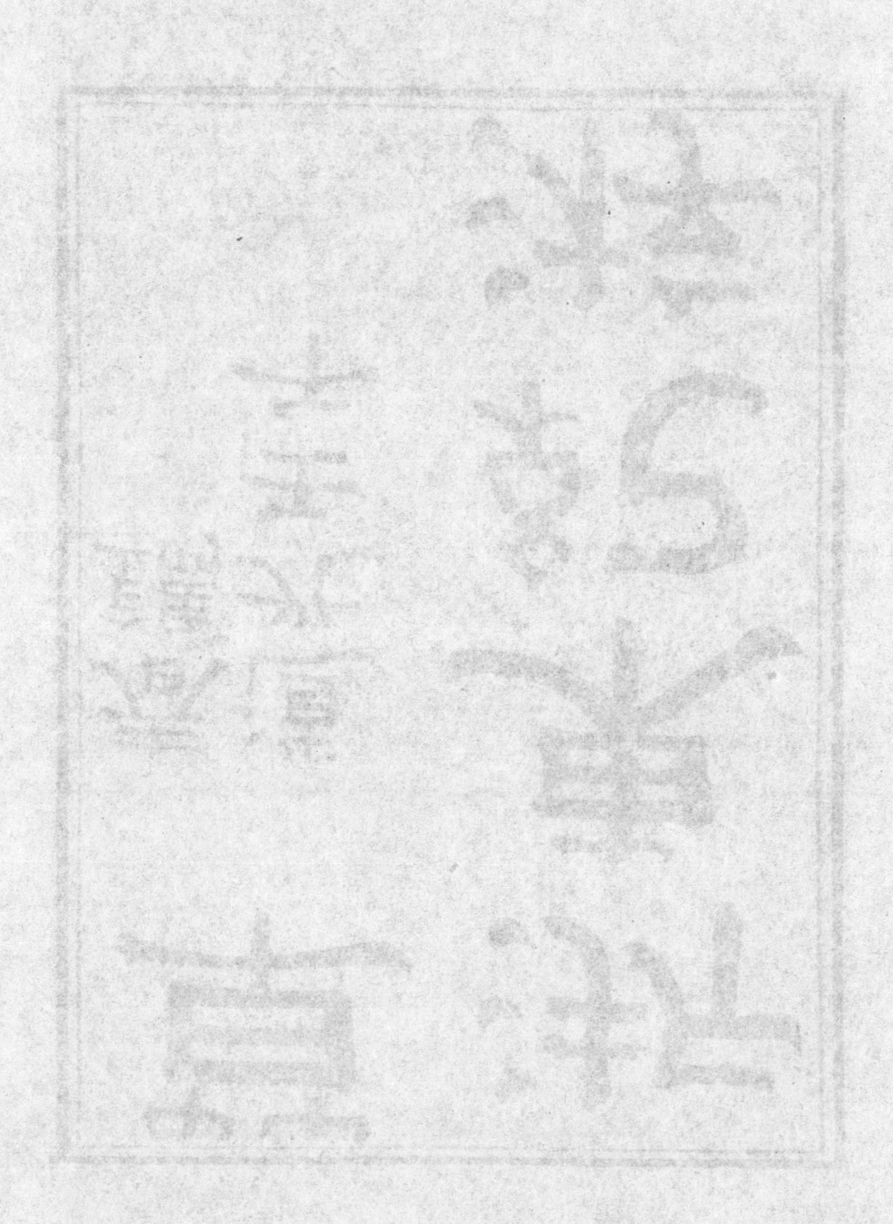

浙東紀遊草

愚溪老人沈錫爵著

渡錢塘江

江名羅刹舊錢塘此去聊憑一葦杭渡客莫愁波浪起風狂卻笑我尤狂

舟半渡狂飈忽起幸中溜已過將近西興水不甚深同伴多戒心而老人自若也

泊曹娥江謁孝女祠題壁

路過曹江暫泊舟千秋孝女姓名留滔滔一派江頭水多是當年血淚流

孝女事詳志乘由其純孝格天勅封純孝夫人殿額係劉青田書廟貌巍峩香火絡繹其江即號爲曹娥云

由曹娥江換舟至嵊縣

江行不比蓼莪灣趁得長風任往還百里煙波舟一葉兩邊無處不青山

蓼莪灣雖有溪流不通舟楫前在孝女祠焚香進謁拜禱順風是日由江至嵊果遇順帆否則逆流沙淺四五日不能到而一路山青水碧宛置身於圖畫中也

由嵊縣坐竹輿陸行

連朝篷底看雲煙起喚籃輿坐一肩行到溪邊還問渡竹排來往穩於船

大竹二十餘根排列成桴渡人載物多用此排

過斑竹

地名斑竹聲稱雅不道殊方陋習多盆菜價昂盂飯貴那堪臨睡賣嬌歌

地亦四方投轄之所但習俗相沿菜疏一餐青蚨百計將及點燈卽有土妓三四輩檀板銀箏繞客房而坐謂之賣嬌歌必索花粉錢而去老人預戒

輿夫疾馳過此投宿大佛寺

大佛寺

金身幻像感英豪傳是錢王夢裏遭漫向西湖誇佛大此間更有八尋高

西湖大佛寺其像僅營半肩不若此之全身聳峙高且八尋相傳錢王夢感金身因造此像卽名其寺

山行

野曠天低噪暮鴉迷離雲樹夕陽斜飄來幾陣濛濛雨開遍山頭蝶軸花

轆軸花色黄數朶攢開遠望若黄牡丹昔遊洞庭
握取數本植於庭今僅存其一花時爛漫可供案
頭清玩

台州道中

忘形相對泛虚舟酒渴偏教賦倦遊欲覓村醪無處問
相逢惟有一羣牛

天台道中行百里無人煙投宿僧寺其待客俱不
設酒同遊吳公素喜麴蘖輒有沽酒向誰家之嘆
路上往來皆販牛客千百成羣降阿飲池亦暢觀
也

宿藍橋華頂寺有感

興公一賦景空描華頂躋攀興易消名勝蘇杭遊不盡崎嶇偏要到藍橋

劉阮入天台流傳艷異志書所云山高萬有八千丈藍橋瀑布爲天下奇觀孫綽賦天台至比之蓬萊三島老人强撑健骨以博一遊豈知山俱平塌絶無巉巖峭壁所謂瀑布係澗中瀉出不在山頂而在山足亦無甚可觀藍橋乃澗中横亘之片石長約二三丈濶一二尺餘其平與岸相埒並不峻險因水在橋下衝激下視深澗故不能舉步耳然亦

可繞道至彼岸至所謂銅寺者尤爲捧腹高不及三尺濶僅尺餘相傳爲風磨銅所鑄以余觀之黯澹無華菸尋常黃銅耳古語之不足徵大率類此昔右軍之紀蘭亭也崇山峻嶺極口鋪張讀其文不啻置身茂林修竹間其實所見不逮所聞昔之遊蘭亭與今之登藍橋同賦倦遊可也

步月訪藍橋驛

當年古驛共知名玉杵元霜百感生過客今宵殊渴甚月明何處喚雲英

橋旁舊有藍橋驛今廢相傳裴航遇老姥喚雲英

取茶處

石板埠道中

萬山深處且行吟忽露青青一點岑想是謝公遊未及
好山埋沒到如今

華頂言旋從亂山中繞坡涉澗而行忽至一處巖
阿深邃古樹參天澗中流泉飛瀉其勝遠過藍橋
因無寺院遊人罕至若從舊路而歸焉能際此奇
境老人與玆山爲奇遇玆山亦必以老人爲知己
徘徊不能去相對狂叫響震巖谷噫懷才而不遇
者殆與玆山同一感慨也

宿石板埠題壁

山行健踏路重重古埠停驂聽晚鐘剪燭高吟題壁處天邊鴻雁或相逢

埠爲冠蓋往來之道吾兩弟宦遊溫處倘解鞍此地覩題句而念友于知老人桑榆無恙且遊興頗濃亦他日相逢之佳話也

過新昌縣

古道斜陽野趣長山城遥指是新昌繞城一帶清流水流入衙厨泡菜湯

溪水繞街流出取汲甚便每家門首俱鋪石板以

通出入時張邑侯頗清廉民間有日日煮山笋朝

朝泡茶湯之諺

紆道至寧波

歸程依舊賦曹娥古畫圖中兩度過只爲老人遊未倦

百官問渡至寧波

江邊之山俱堪入畫而畫圖山獨擅名千古噫亦

此山之幸也百官渡名有虞帝廟二妃祠往寧波

者必由此乘舟出寧波江口有土壩兩重石壩一

重

鄞江靈橋

橫鋪江面是靈橋龍卧虹飛百尺遥鐵鎖聯船船覆板

行人猶自怯春潮

寧波江又名鄞江江面甚濶潮汐衝激不能建橋

用船三十餘頭鐵纜聯絡之上覆木板海舶進口

仍可解開

歸途

囊空興盡亦堪憐欲典靑衫不值錢幸得長年逢故老

一帆送到五湖邊

由西興渡江至武陵尋寓整頓歸家而錢囊已罄

正在躊躕忽遇鄰老林某操舟爲業即乘其舟而

歸亦可謂他鄉遇故知也

握別吳公

竹林原是舊交情衹爲敲碁又訂盟千里浪遊同涉險

他年載酒更偕行

首春入城偶晤吳公爲姪輩舊友年逾花甲性亦

灑脫碁則勝老人一先惟嗜酒與老人不同志初

遊洞庭太湖遭風船幾覆繼至武陵渡江又遇狂

飈衣衫盡濕在寧波江中困遭夜雨更可危者萬

山深處輿夫失足幾致墮崖而吳俱不介意惟天

台道上華頂峯間沽酒不可得常不滿其懷抱云

題詞　　　　　　　　　　迮鶴壽青崖

聞道天台在海涯登臨千里輿非賒精神斗藪窮三島詩句瀾翻快八义豈有元霜浮玉杵何曾晚飯進胡麻一經此老推敲後應笑輿公賦太誇

又　　　　　　　　　　何其偉書田

夙慕吳興叟詩壇老斲輪一生耽集古千里健遊春林壑資吟眺尊居有園亭泉石之樂琴書悅性眞一編浙東草三復句清新

又　　　　　　　　　　姚慰祖竹亭

先生遊山如弈碁窮極變幻樂不疲諸峯羅列擬布子

題詩

全越方郛探神奇天台盛傳與公賦老健攀登作虎步
眼前局勢郤凡庸掀髯笑指藍橋路仙蹤何許空流雲
名勝所見殊所聞蘭亭之序天姥詠詞人摹繪多虛文
蘭亭之不逮所聞已見遊草中而陳四橋先生云天姥峯亦無甚佳勝
善遊欣賞有絕識
亂山堆裏窺秀特譬若隱流不好名意外相逢稱莫逆
水行陸行不計程揮毫卽景添吟情滄桑易變感浮生
爛柯山頭局未更底用麕世爭一著飄然直欲凌蓬瀛
伊余孤貧尚平願迂談轉爲芻蕘獻羅刹風波防覆危
危崖失足幾顛頓俱見遊草中
高年一往乘興豪遠涉深淵
歷險峻何如近地穩揚舲七十二峯環畫屏尋幽幾處

抑禪扃不然擕碁向西泠手彈坐對越山靑煙鬟霧鬢相忘形吟囊得句通仙靈暢遊儘樂三千齡

外舅愚溪先生惠讀浙東遊草意有不滿藍橋華頂諸勝因爲推廣其說　柳樹芳古槎

讀書不盡信遊山不盡奇執古以論今此說然乎疑文人好穿鑿每多非夷思談天極高遠括地窮荒夷若論十洲記言多不可知若論三都賦未必盡如斯江山不能言藉人以爲詞入蜀古無作爭傳少陵詩柳州向無記乃自子厚爲文章由心得豈無抑塞時一朝相觸發任我鋪張之所以蒙莊叟窮極荒唐辭子虛烏有說此

老爲之師藍橋本無仙華頂徒崎嶇我翁豁達胸立說
多排擠我非附和者如聞唱曉雞入台縱有願毋爲神
仙迷

跋

愚溪先生性頽落拓不事舉子業好稗官野乘於唐宋數百家說部無不通曉遇人輙與之談故原原本本議論風生聽者莫不稱快平生有二癖一碁癖閒有善弈者必邀至家連朝對弈一山水癖雖未能周覽天下名山大川而於吳越佳山水足迹必至焉今年七十有五矣登臨之興至老不衰春杪偕其碁友吳公涉洞庭上包山遂揚帆南去縱遊天台華頂間所至卽以詩紀之積成一卷名曰浙東紀遊草一時興會所寄並不求工然如野曠天低萬山深處諸作神韻天然雖工於詩者

恐不逮也先生獨怪天台藍橋乘志所載聞過其實余
謂天下事有目見不如耳聞者山水是也又有祇可耳
聞不必目見者神仙是也昔秦王漢武使人入海求仙
杳無蹤迹史公作封禪書敘述其事煙雲變滅若有若
無令讀者迷離惝恍不知所指夫神仙之有無不可知
而史公之筆墨即神仙矣後之讀其書者亦飄飄然作
神仙想矣必欲求眞神仙安所得而遇諸乘志稱天台
之高萬有八千丈覽者信爲固然今先生至其地乃知
無數培塿漸漸高起並無突兀崢嶸之勢然則天下名
勝大率類此豈獨天台哉至於劉阮遇仙裴航求飲出

自小說家附會藍橋之無足觀更不待言矣先生雖不
滿於天台諸勝然此遊有三樂渡羅刹汎曹娥宿華頂
經石板於亂山中忽遇奇境相對狂吟徘徊不能去此
非山水之樂乎七秩老人精神矍鑠涉歷風波搜尋澗
壑毎逢得意迅筆直書悠然而往倏然而歸由其胸中
一無凝滯故能行止自如雖神仙之樂不是過也而又
得同志如吳公千里崎嶇朝夕相對是又朋友之樂也
余在先生家讀書四載毎於花辰月午聆厥清言勝讀
坡仙海外諸文兹以浙東紀游草見示諷誦之下如遇
先生於瀛洲蓬島間昔元之季年我族有士霖公移家

天台貝淸江贈以詩有赤城雲氣神仙家千樹萬樹蟠
桃花當時劉郎亦草草出山卻憶山中好山空水流雲
自飛劉郎看花須早歸之句後人不知尙有在否屢欲
往訪不能如願今讀先生詩益令我夢想不置云
嘉慶己卯五月三日靑崖進鶴壽書

沈愚溪小傳　　長洲顧日新譔

晉何準不應徵辟謂第五之名何減驃騎當世信之晉史載之以爲美談準之此言蓋實有足以自重者史徒稱其高尙寡欲而不及其他元明以降則未有舉是例以傳其人者故昔之隱逸易以顯而今之隱逸難以彰然而董子有言天不變則道不變其人之足重故自在也柳子古槎稱其婦翁沈愚溪之爲人有足感者假使愚溪而生於晉之世其高尙寡欲何遽不如準而準以此名高千古愚溪乃自一二戚友外人無知者風俗之所趨可知已愚溪性好遊而不役於榮利觀其著書上

傳

包山過蘭亭訪天合意興至老不衰乃其持論則獨以爲右軍之序與公之賦皆不足取信彼其意中之天合蘭亭宜必有超乎庸常所見而所見乃止此則其胸懷之奇詭卓犖當必有筆墨所不能傳而口語所不能宣者惜乎吾未見其人也古槎又稱其爲人慷慨遇事樂施無吝色歲饑恒出米爲鄉人先其於骨肉恩尤摯嘗有從孫某患貧爲起其家立千金產俾之專力於學然苛遇所不可則峻拒而不少姑容其剛褊又如此事若出於兩途者是可知也且夫天合蘭亭勝境也一不當君意尚不欲隨衆爲附和而謂過夫凡庸𦉱瑣之倫反

能和光同塵不致扞格而不相入則是臻穢墟歷莽邛
而欲迴君之顧也其可得耶君嘗道出石板埠於一處
歎其山水幽絶而世顧無賞者葢獨鑒之難如此君亦
用以自況云爾君生平工篆刻分湖間無與抗者倦遊
以還不復問世事身惟坐隱是耽終以不容物致累遂
病不起惜乎吾未見其人也君名錫爵字思美以愚自
晦因號愚溪云

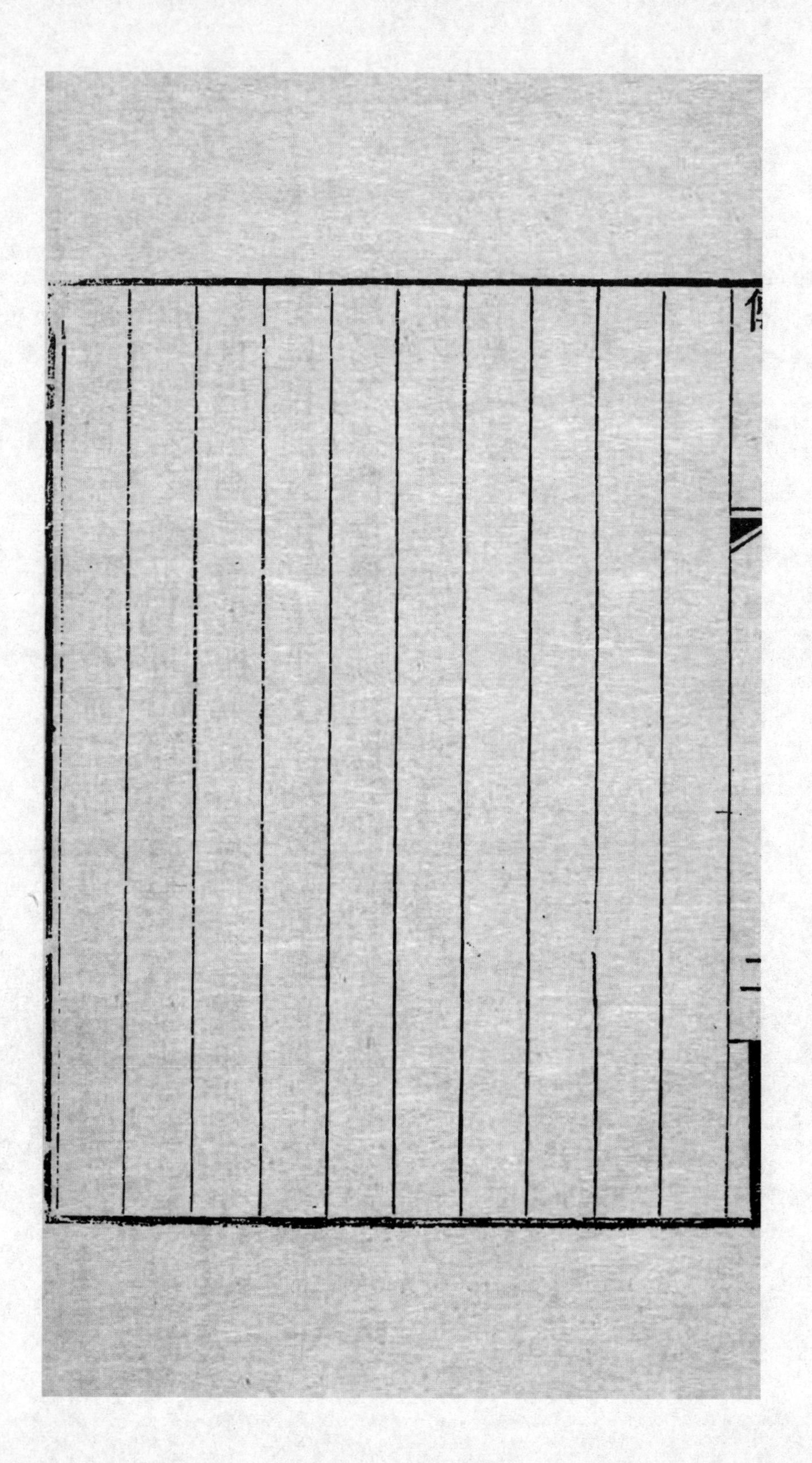

先外舅沈愚溪先生狀畧

先外舅愚溪先生鬚髯磊落音聲清朗兩目閃閃有光自幼讀書目數行下卽能通曉大意繼爲文揮灑如飛不假思索及長不屑事章句嘗慨然有志於世凡農田水利刑名法律諸書無不旁通而曲證繼以張太孺人年且高不欲重違其意乃閒居養志依膝下者數年自太孺人歿而年已五十矣是時一子多病翁遂絶意進取構園亭數間讀書其中自正史紀傳稗官野乘以及唐宋元明諸說部類皆流覽靡遺與人言若河漢之傾倒未可以更僕終葢其胸中之宏富有非經生家所能

企及者性好山水嘗一至邗江謂多脂粉氣不若西子湖天然本色令人傾對無已慕蘭亭之遺蹟及至其地謂右軍之極口鋪張乃文人之粉飾不足盡信至天台謂藍橋華頂諸勝與古書所載大不相符其議論多見諸紀事詩中蓋卽一遊覽間而翁之卓識不肯隨人附和如此豈徒遇事之爲能有定力哉平生多義行乾隆某年同族不戒於火翁居獨無恙因慨然各有所贈嘉慶甲子歲連雨水荒甲戌歲久旱不雨不俟上官令獨能減價平糶爲里中先胞姪孫德培能讀書補諸生而不足於貲嘗授田二百餘畝贈銀千兩論者謂其待之

太優而翁亦毅然不顧也晚年無所發其意往往寓諸一枰中連日繼晷手談忘疲顔其室曰橘隱殆亦古商山叟之亞與喜作詩嬾不自惜浙東紀遊草一卷乃同人慫恿而存翁仍不以此自命也少壯時喜爲篆刻於文何兩家章法刀法多能道其體製而一出以神運分湖工斯技者不少羣推此翁爲鑒賞家樹於丁卯歲爲翁家婿屈指十五年受教最深翁子學履先一年卒長孫早亡次孫志達甫三歲而翁之行事其能忍而聽其湮没耶因爲詮次其畧以俟當代立言君子爲之表彰也翁姓沈氏名錫爵字思美

晚號愚溪老人世居吴江縣之大勝村生於乾隆丙寅年正月初十日殁於道光辛巳年七月二十一日享年七十有六國學生以子職封儒林郎

緦服子婿柳樹芳百拜譔